君子之道与职业素养

主　编　张　亮　杜　晓　王　欣
副主编　古智清　孟兆斌　万光涛
　　　　陈　浩　刘　涛
主　审　孟　野

北京交通大学出版社
·北京·

内 容 简 介

《君子之道与职业素养》是泰安市工商中等专业学校打造“君子文化”特色校园的核心教材。全书以“传承中华君子精神、培育现代职业素养”为主线，系统构建“文化溯源—人格塑造—职场转化—实践养成”育人体系，为给中职学生铺就德技并修的成长之路奠定了良好基础。

教材主要包括以下内容：第一、二章讲述君子及君子文化的历史脉络。第三、四章探讨君子类型、君子人格与职业素养的共生关系，直击岗位需求，将“守正创新”“责任担当”转化为工匠精神、职业道德等实操能力。第五章探讨校园生活中的君子修为，围绕实训、礼仪、交往场景，设计“谦恭守礼”“讷言敏行”等行为训练，让君子之道触手可及。第六章贯通君子之道与人类命运共同体，以“和而不同”的智慧回应全球化职业素养新要求。第七章讲述新泰君子基因，以师旷（乐圣）、柳下惠（和圣）、羊祜（儒将）等本土先贤为镜，厚植家国情怀与文化自信，凸显校本差异化的特色优势。第八章百家论君子收录《论语》《孟子》等典籍名言，可为主题班会、文化墙建设提供经典素材。

图书在版编目（CIP）数据

君子之道与职业素养 / 张亮，杜晓，王欣主编. -- 北京 : 北京交通大学出版社，2025. 8. -- ISBN 978-7-5121-5667-8

Ⅰ. B822.9

中国国家版本馆 CIP 数据核字第 2025XV6442 号

君子之道与职业素养
JUNZI ZHI DAO YU ZHIYE SUYANG

策划编辑：刘建明　　责任编辑：刘　蕊
出版发行：北京交通大学出版社　　电话：010-51686414　　http://www.bjtup.com.cn
地　　址：北京市海淀区高梁桥斜街 44 号　　邮编：100044
印 刷 者：北京时代华都印刷有限公司
经　　销：全国新华书店
开　　本：185 mm×260 mm　　印张：8.75　　字数：166 千字
版 印 次：2025 年 8 月第 1 版　　2025 年 8 月第 1 次印刷
印　　数：1—5 000 册　　定价：39.00 元

本书如有质量问题，请向北京交通大学出版社质监组反映。对您的意见和批评，我们表示欢迎和感谢。
投诉电话：010-51686043，51686008；传真：010-62225406；E-mail：press@bjtu.edu.cn。

前　言

《君子之道与职业素养》是泰安市工商中等专业学校打造“君子文化”特色校园建设的核心教材。本教材以中华优秀传统文化为根基，将绵延千年的君子精神与现代职业素养培育相融合，致力于培养“德技并修”的高素质技术技能人才，为校园文化注入灵魂，为学生的终身发展铸就精神基石。

在当今社会对技术技能人才综合素质要求日益提升的背景下，“君子”这一承载中华民族数千年理想人格追求的文化符号，其现代价值越发凸显。君子所崇尚的自强不息、厚德载物、诚信守义、敬业乐群、知行合一等核心精神，不仅是个人修身立德的圭臬，更是现代职业场域中“爱岗敬业、精益求精、团结协作、勇于创新、担当奉献”等职业素养的深厚源泉与伦理基石。这些精神品质，正是我校着力打造的“君子文化”校园的核心内涵，也是学生未来安身立命、成就事业的必备素质。

本教材在内容编排上具有鲜明的系统性和实践导向，共设八部分：第一章君子概述，阐释“君子”的概念及其理想人格特质。第二章君子文化概念及发展，明晰君子文化的历史脉络与核心思想。第三章君子类型，展现典范，呈现历史上多元化的君子人格榜样。第四章君子人格与职业素养，深度解析诚信、责任、敬业、协作、创新等君子人格如何具体转化为契合我校人才培养目标的现代职业核心素养。第五章校园生活中的君子修为，紧密结合校园学习、实训、生活、交往场景，引导学生将君子之道内化于心、外化于行，在日常点滴中践行君子品格，营造崇德向善的校园风尚。第六章君子之道与人类命运共同体，探讨君子胸怀格局对全球化时代职业人才责任担当的启示。第七章新泰历史上的君子，挖掘本土先贤的君子风范，增强文化认同感与爱乡情怀，厚植校本文化底蕴。第八章百家论君子，收录《论语》《孟子》等典籍名言，可为主题班会、文化墙建设提供经典素材。

通过学习与实践，期望全体师生能深刻认识到传承和弘扬君子文化是我校校园文化建设的灵魂工程。它不仅为技术技能的精进赋予深厚的道德底蕴和人文精神，更是塑造学生健全人格、提升综合职业素养的关键路径。通过本教材的学习与实践，引导学生在掌握过硬本领（“技术之手”）的同时，自觉涵养高尚品德和职业操守（“匠心之魂”），努力成长为具有“现代君子”风范的、德才兼备的优秀职业人。这既关乎学生的个人前途，也是我校履行育人使命、彰显办学特色、服务社会发展的必然要求。愿本教材成为全体师生共建共享“君子文化”校园、同塑职业精神家园的有力指南。

本教材在编写过程中得到了许多专家学者及兄弟院校的大力支持，参考借鉴了大量国内外优秀教材和文献，在此向文献的作者、专家致以诚挚的谢意。由于时间仓促、编者水平有限，书中难免有不足之处，敬请专家、读者批评指正。

编　者

2025 年 6 月

目 录

第一章
君子概述

第一节 “君子”的含义

“君子”一词在甲骨文时期就已经出现，在先秦典籍中被广泛使用，例如“九三，君子终日乾乾，夕惕若，厉无咎。”(《周易·乾》)“窈窕淑女，君子好逑。”(《诗经·周南·关雎》)“君子在野，小人在位。”(《尚书·虞书·大禹谟》)早期的“君子”主要意思是“君”，指君王贵族及其子弟，是对统治者的尊称。孔子赋予“君子”以道德人格内涵，他用仁义而非按出身来定义君子，使“君子”这个概念上升到士大夫及读书人的道德品质层面。秦汉之后，“君子”一词的内涵不断丰富和发展，完成了从“政治地位”到“品格道德”再到“德才兼具，以德为重”的演变过程。“君子”是中国传统文化中一个极为重要的概念，其内涵随着历史发展不断丰富，但其核心始终围绕道德修养、人格理想和社会责任展开。

一、早期“君子”的含义

孔子以前，“君”指治理国家、发号施令的至尊者，“子”是对男子的尊称。“君子”就是指掌握一定权力，能发号施令的统治者，是对统治者的尊称。《尚书》中说的“君子在野，小人在位”意思是君子被赶下了统治者的位置，国家由小人治理。此处的“君子”就是指掌握权力的统治者。当时的社会等级森严，普通百姓在国家生活中根本没有话语权，是被统治阶级剥削和奴役的对象，没有地位，更没有尊严。所以，“君子”作为一种尊称，理所当然地成了掌握国家权力、承担治理国家大任的统治者的专属名词。

后来，“君子”不再专指统治者，而是指代整个贵族阶级，“小人”则指代平民阶级，这时“君子”与“小人”体现的是阶级上的划分与差别。《诗经》中多次出现将“君子”与“小人”相对比的描述。例如《诗经·小雅》中的“君子所履，小人所视”“君子有徽猷，小人与属”“君子所依，小人所腓”等。

《周易》中有：“好遁，君子吉，小人否。”《剥·上九》中有：“硕果不食，君子得舆，小人剥庐。”这里的“君子”与“小人”，指代不同社会阶层、不同社会分工的人群，没有褒贬之分。故而“君子”指有知识、有修养，能承担社会责任、把握国家命脉的人，“小人”则指不具备这些特质的人。

二、孔子时代“君子”的含义

虽然《易经》中已经有了“谦谦君子”“天行健，君子以自强不息”这样的描述，体现了“君子”不再只是社会地位的标志，而是“德”的载体，但是真正赋予“君子”以道德人格内涵的是孔子，他依据仁义而非出身来定义“君子”，使“君子”这一概念上升到士大夫及读书人的道德品质层面。

孔子推崇以“仁”为核心，以“礼”为行为准则的处世哲学，而“君子”正是“仁”“礼”的承载者和践行者。到了春秋末期，由于孔子的反复阐释和倡扬，“君子”一词被赋予了更多道德的内涵，成为理想人格的代名词。孔子生活的时代，诸侯争霸、战乱不断，社会形势急剧变化，对人们的思想意识产生了巨大冲击。旧的礼制崩塌破坏，新的道德标准尚未建立，导致社会无规可循，无矩可蹈，思想混乱，道德修养成为人们关注的重要社会问题。正是在此背景下，“君子”一词被反复提及和阐发，被赋予了新的意义。

《论语》中虽然有些地方仍然保留着“君子”一词早期的含义，但是大部分情况下，“君子”一词的意义已经发生了改变。例如《论语·雍也》中所讲的“君子博学于文，约之以礼”是要求君子应博学多才，按照礼的要求来约束自己。《论语·子路》里的“君子惠而不费，劳而不怨，欲而不贪，泰而不骄，威而不猛”是要求君子要有较高的品格，君子给人以恩惠自己却不占用资源，役使人民却不招致怨恨，有欲望但不贪心，安详坦然却不骄傲自大，有威严却不让人感到凶猛。这些对君子的描述都不看重其出身和地位，而是看重其品格修养。孔子所定义的“君子”无关乎出身和地位，他眼中的君子既包括统治阶级，也不排除平民百姓。从此，“君子”的含义发生了变化，衡量君子的标准从出身的高低演变为道德品格的优劣。

通过《论语》中“小人”与“君子”的对比，可以进一步看出孔子视角下“君子”的内涵。《论语·里仁》里说“君子喻于义，小人喻于利”，意思是君子以道义行事，而小人只看重私利。重义与重利，就是君子与小人的区别。《论语·述而》里说“君子坦荡荡，小人长戚戚”，意思是君子无论何时何地都能心胸开阔，襟怀坦荡，而小人只会患得患失，局促不安。这里胸怀是否光明磊落，就是君子和小人的区别。《论语·卫灵公》里说“君子求诸己，小人求诸人”，意思是君子应严于律己，宽以待人，而小人却要求别人，责备别人。对待自己和他人的态度，就是君子和小人的区别。通过这些比较，孔子建立起“君子”的形象标杆，给人们树立起做人做事的标准，鼓励人们做道德高尚的君子，主张人们亲近君子，远离小人。

《论语》中关于“君子”的阐述几乎占全书的三分之一。孔子强调君子要有“九思”：“视思明，听思聪，色思温，貌思恭，言思忠，事思敬，疑思问，忿思难，见得思义。”也就是看要看明白，听要听清楚，神态要温和，容貌要恭敬，言谈要诚恳，处事要谨慎，疑难时要求教，生气时要想到后患，有所取时要想到道义。这九个方面是孔子的“君子修养之学”。君子“九思”全面概括了一个人言行举止的各个方面。关于君子的样貌，子夏描述为“望之俨然，即之也温，听其言也厉”，意思是说君子的容貌有三种情况：远看他你会觉得他很庄重；接近他你会觉得他很温和；听他说话之后，觉得他义正辞严。从此“君子”走下殿堂，成为人们日常生活中做人处事的典范。《论语·季氏》还阐述了君子的“三戒”，即：少之时，血气未定，戒之在色；及其壮也，血气方刚，戒之在斗；及其老也，血气既衰，戒之在得。强调了君子对色、斗、得的节制，主张个体生命与德性之间的内在和谐。同时也说明，“君子”是可以通过逐步培养形成的，君子人格是普通人可以通过后天努力实现的。也正是这个原因，君子形象和君子人格跨越千年，依旧富有朝气和活力，对生活在当今社会的人们仍然具有非常重要的指导意义。

三、现代君子的含义

“现代君子”是在中华传统“君子”人格基础上，融合时代精神而演化成的理想人格典范。它既承载着传统君子文化精髓，又注入现代文明特质，是中华文明基因在现代社会的创造性重生。现代“君子”主要包含以下几个品质。

1. 善良

现代君子应当善良。一个人是否善良，关键看他是否纯真温厚，是否做到与人为善、从善如流、善待万物，是否和善而不怀恶意。

善良的人，总有纯真而温厚的一面。他的纯真是自然而然地显露出来的，而他的温厚总是通过温和的面容、厚道的言行表现出来的。

一些伪善者，往往在大庭广众面前，也表现出一些善良的情志，但是骨子里总有虚伪的一面在怂恿着他的言行。也就是老百姓所说的：这样的人你不和他共事时，怎么都好；一旦真正共同做事，或者托他办事时，就没有真实可靠的表现了。

2. 随和

君子应当随和。一个人是否随和，关键看他是否平易近人、一视同仁。一个平易近人的人，对人是和蔼可亲的，没有架子，使人容易接近。一视同仁的人，往往是能够“一碗水端平”的人、胸怀坦荡的人。

那些假随和的人，往往说不上几句，就会露出狰狞的一面、色厉内荏的一面。什么是色厉内荏呢？色，指他的神色和模样；色厉，指他有威严、凶恶的表现；内，指内心；内荏，指他又表现出软弱、怯懦的内心。色厉内荏，是形容人外表严厉，而内心却是怯懦的。

色厉内荏的人，又往往表现出外善内恶的本性。色厉内荏，出自《论语·阳货第十七》：“子曰：色厉而内荏，譬诸小人，其犹穿窬之盗也与？”这里所说的“窬”，音 yú，指从墙上爬过去。“穿窬之盗”，指穿墙和爬墙的贼。全句的意思是孔子说：“外表严厉，而内心虚弱，如果用小人来比喻，就像穿墙和爬墙的贼吧！”

3. 诚信

君子应当诚信。一个人是否诚信，关键看他是否在待人处事上真诚老实，是否讲信誉，做到言必信、行必果，一言九鼎、一诺千金。

班固在《白虎通义·性情·论五性六情》中说：“信者，诚也，专一不移也。”意思是一个人讲信用，是他内心诚实的表现，应当一心一意地去实现。换句话说，信就是诚，诚就是信，两者相通，说的都是真实无欺。说话和做事，都诚实可信，就叫作“诚信”。

诚信，是一个人最起码的道德品质和行为，是人的第二个“身份证”，是日常行为中诚实和信用的合称。

诚信，往往被认为是立人之本、齐家之道、交友之基、为政之法、经商之魂。《论语·为政》说：“人而无信，不知其可也！”意思是一个人如果不讲信用，不知道他怎么在人世间立足呀！

伪装的诚信者，往往说是说，做是做。说得好听，实际上怎么做，就是另一回事了。在日常生活中，我们经常可以看到伪装诚信的所谓“可靠人”，一不留神，就会上了他们的当。

4. 恭敬

君子应当恭敬。一个人是否恭敬，关键看他是否对尊长、贵宾谦恭而有礼，是否尊敬或尊重地对待别人，是否能够热爱并恭敬他的双亲，是否能够对人谦恭而有礼貌。

《孟子·告子上》说：“恭敬之心，人皆有之。”《史记·陈丞相世家》说：“项王为人，恭敬爱人，士之廉节好礼者多归之。”这里所说的“廉节”，指廉洁而有节操的人。

鲁迅在《朝花夕拾·从百草园到三味书屋》中说：“我对他很恭敬，因为我早听说，他是本城中极方正、质朴、博学的人。”

恭敬人，不应当有偏有向，宜一视同仁。人家说话粗鲁一点、穿着破旧一点、地位低下一点、看着人家不顺眼等，就不去恭敬人家，其实是心态不正的表现，不值得效仿。懂得敬重别人的人，就会为别人着想，就会有礼貌，也不会看不起别人。

俗话说：“你敬我一尺，我敬你一丈。”一般来说，恭敬他人，就不会受到他人的侮辱。

5. 宽厚

君子应当宽厚。一个人是否宽厚，关键看他是否对他人的过错和不足有宽容心、友谅心，为人是否厚道，是否纯朴。

宽容他人，说起来容易，做起来是很艰难的，因为往往心里不情愿，可是为了长远利益，还是要宽容人家。厚道和纯朴是为人的基本表现。一个厚道而纯朴的人，往往不刻薄待人，不会欺骗人，不会算计人，不会出卖人，不会说人家的不好或坏话，能做到表里如一。

厚道和纯朴的人让人信赖、踏实、欣慰、感动。厚道而纯朴的人，为友可交，为同窗可信，为师可敬，为上司可从，为下属可用。

6. 勤敏

君子应当勤敏。一个人是否勤敏，关键看他是否勤快而灵敏，是否勤勉而机敏。

《北齐书·颜之推传》说：“处事勤敏，号为称职。”勤敏是勤劳灵敏和勤勉而机敏的简称，指人既勤劳，手脚灵敏，又头脑灵活。

勤敏的人，努力起来就会坚持不懈，往往会取得较好的成绩。

7. 慈惠

君子应当慈惠。一个人是否慈惠，关键看他是否拥有仁爱心、和善貌，是否有乐善好施的行动。

《说文解字》说："慈，爱也。"《左传·昭公二十八年》说："慈和遍服曰顺。"东汉经学家服虔（字子慎）作注解说："上爱下，曰慈。"《说文解字》说："惠，仁也。"《周书·谥法》说："爱民好与，曰惠。"

一个慈惠的人，必然会常常给人方便，助人为乐，人缘会很好。而慈惠的最高境界，是助人自助。

所以古人说："授人以鱼，不如授人以渔。"又说："授人以鱼，三餐之需；授人以渔，终生之用。"意思是给人鱼吃，不如教会人家打鱼的方法。鱼，是可吃的。渔，是捕鱼的劳动和技巧。鱼，能解三餐之饥，却不能解长久之饥。要想经常有鱼吃，就要学会捕鱼的技巧，这样才能终生受用。

8. 尽孝

君子应当尽孝。一个人是否尽孝，关键看他是否能够孝敬父亲、母亲，是否感激父母的恩惠和养育。

一个合格的人，不仅能够慈爱儿女，更应当及时尽孝。不管自己多么贫困，都要关心照顾父母和尊重父母。

9. 博学

君子应当博学。一个人是否博学，关键看他是否从小就有大志向，是否能够从小就热爱学习，博览群书，一专多能。

博学，才能博采众长，才能阅历宽广，才能在待人接物上不偏不倚，一视同仁。

博学，需要学以致用。否则多学也只能落下个"知道多一点而已"。学习是为了应用，在于能够一门深入，一专多能。

10. 高洁

君子应当高洁。一个人是否高洁，关键看他的情志是否高尚，操守是否纯洁。

一个品行高洁的人，不会眼高手低，也不会目光短浅，更不会和人家斤斤计较，甚至锱铢必较。

一个品行高洁的人，会从大处着眼，从小处入手；不争眼前的蝇头小利，常常是与世无争的、恪守清贫之道的、两袖清风的、懂得节制的。

11. 仁义

君子应当仁义。一个人是否仁义，关键看他是否具有和顺的性情，是否通达事理，是否具有仁爱心、正义心、宽惠心、正直心、礼让心。

《礼记·曲礼上》说："道德仁义，非礼不成。"孔颖达在注释中说："仁是施恩及物，义是裁断合宜。"《礼记·丧服四制》说："恩者仁也，理者义也，节者礼也，权者知也，仁义礼知，人道具矣。"这些言论强调：一个人的道德行为、仁义情怀，都是在合乎礼数的基础上完成的。仁，就是给万物以方便和利益；义，就是做出合乎礼数的事情。施恩的过程，就是仁道；合乎情理的言行，就是义道；节制言行，使之符合客观规律和自然法则，就是礼道。

南宋著名的理学家朱熹说："仁者，心之德，爱之理。义者，心之制，事之宜也。"意思是仁，是人心的德表，是爱的道理。义，是人心的约定和规矩，是办事情的适宜尺度。

孟子向子思请教什么是治理百姓的首要任务。子思说是让他们先得到利益。孟子问：贤德的人，教育百姓，谈到仁义就够了，何必还要说利益呢？子思说：仁义就是利益呀！上不仁，下不安分，上不义，下则尔虞我诈，这样一来，就会造成最大的不利呀。所以《易经》说利是义的完美体现。用利益安顿人心，则能在百姓中弘扬道德。这些是利益中最重要的。

12. 含蓄

君子应当含蓄。一个人是否含蓄，关键看他是否在言谈举止上意不浅露，语不穷尽，表达委婉，耐人寻味。

当代文学家孙犁在《秀露集·进修二题》中说："所谓含蓄，就是不要一泻无遗，不要节外生枝，不要累赘琐碎，要有剪裁，要给读者留有思考的余地。"

晚唐诗人司空图在《二十四诗品》中，谈到了"含蓄"，他指出诗有含蓄的品位，即："不著一字，尽得风流。语不涉难，已不堪忧。是有真宰，与之指出浮。如渌满酒，花时返秋。悠悠空尘，忽忽海沤。浅深聚散，万取一收。"意思是不用文字来明确表达，就能彰显出生活的美妙。文辞虽然还没有说到苦难的情形，读过却能使人哀伤十分。含蓄的言语和含蓄的动作，往往是生存过程中的无奈，更是礼数上的要求和行为上的境界。

13. 坦荡

君子应当坦荡。一个人是否坦荡，关键看他是否胸襟开朗、心地纯洁，是否阳光。

《论语·述而》说："子曰：'君子坦荡荡，小人长戚戚。'"意思是君子心胸宽广坦荡而豁达，小人的心绪却经常不能安宁下来。东汉末年的经学大师郑玄说："坦荡荡，宽广貌。"后来，人们就以"坦荡"来形容胸襟开朗、心地纯洁。

坦荡是一种素养，也是一种修养过程，更是心地纯洁的自然显露。坦荡常常是和城府相对的。城府多用来比喻人的心机多而难测。心无城府便为人坦率，往往能够泰然自得。

14. 明智

君子应当明智。一个人是否明智，关键看他是否能够通达事理，是否具有远见卓识。

明智，往往被认为是观察敏锐而判断正确。明智，也指领悟恰当中肯之点和重要之点的能力。《老子·三十三章》说："知人者智，自知者明。"意思是能了解和认识别人的人是明智的，能了解和认识自己的人是高明的。也可以理解为知道人家是怎么一回事，是智慧的表现；知道自己是怎么一回事，是有自知之明。

明智的人在言谈和举止上都会恰到好处，不鲁莽，不粗心大意，不一意孤行，不固执己见，言行适度，节制有度，通达事理，有远见卓识。

15. 谦让

君子应当谦让。一个人是否谦让，关键看他是否做到谦虚地礼让或退让，是否先人后己。谦让，是人的美德之一。

在东汉时期，有一位文学家，名叫孔融。他是鲁国人，孔子的二十世孙，"建安七子"之首。孔融从小就聪明好学，才思敏捷，颇能巧言妙答，人称奇童。在四岁的时候，他就能背诵许多诗词曲赋了，而且彬彬有礼，父母非常喜爱他。一天，父亲的一个朋友给他家送了一筐梨，父亲叫人洗了几个端上来，然后叫七个儿子来挑。小弟挑走了一个最大的，孔融拣了一个最小的。父亲问他："你为什么挑小的呀？"孔融说："我年纪小，应该吃小梨，大梨就给哥哥们吧。"父亲听了又问："那弟弟比你小，他却拿了一个大的呀。"孔融说："我是哥哥，弟弟比我小，我应该让着他。"父母和来访的朋友十分惊喜，觉得孔融这么小，就知道谦让别人，真是好礼数呀！

孔融让梨的故事，很快传遍了曲阜城，后来被写进《三字经》，一直流传到今天。

第二节　追求君子之道的意义

人们在社会生活中，常常陷入与他人的比较和无尽的鄙视与被鄙视循环中。这种心态源于人类作为社会性动物的本能，却往往导致低级趣味和痛苦。君子之道，作为古代读书人熟知的一套哲学体系，旨在帮助我们跳出这种束缚，追求更高层次的真、善、美。君子之道的核心在于“见贤思齐焉，见不贤而内自省也”。看到他人的优点，我们不应嫉妒，而应将其视为学习和模仿的对象；看到他人的不足，不应鄙视，而应反思自我，时刻鞭策自己。这不仅是一种修养，更是提升自我评价和主观幸福感的有效途径。儒家的君子之道，涵盖了格物、致知、诚意、正心、修身、养性、齐家、治国、平天下的概念。在现代社会，这可理解为从小学习科学探究方法，掌握知识，真诚表达，保持良好情绪，健康生活，培养和谐性格，承担家庭、国家和社会的责任。虽然君子之道难以践行，但在工业化社会中，它鼓励我们适应工商社会的生存法则，通过公平交易实现双赢。君子之道追求重义轻财，但“义”的衡量复杂且难以界定。君子之道关注于个人成长和价值追求，强调独立人格和思考能力。君子追求真、善、美，寻求与他人和谐相处，避免结党营私。在审美和喜好上，君子尊重差异，不强求统一。求真之路相对容易，而求善、求美则更加艰难。君子之道鼓励我们从身边小事做起，通过实际行动促进社会进步。只有在结果上产生的善行才是真正的善举，仅有出发点的善意是不够的。在复杂的现实世界中，君子之道提供了一种自我完善和持续进步的路径，而非简单的理论或经验模型。它强调真理的普遍性和客观性，鼓励个体在不依赖他人判定的情况下，追求与个人价值相符合的真、善、美。君子之道不仅要求我们追求内在修养，还强调与人的和谐共处。它鼓励我们发展独立思考能力和批判性思维。在现代社会中，这种追求真理、善行和多样美的态度，对于个人成长和社会进步都具有重要意义。

追求君子之道在现代社会具有多方面的积极意义。第一，能促进个人全面发展和提升道德修养。追求君子之道，要求个人不断完善自我，培养诚信、仁爱、正直等美德，提升自身的道德水平。第二，能实现自我价值。通过践行君子之道，个人能够在实现自我价值的同时，为社会做出贡献，获得内心的满足和成就感。第三，可以促进社会和谐稳定，减少人际冲突。君子之道强调以诚待人、以礼相待，能够减少人与人之间的矛盾和冲突，促进社会和谐。第四，有助于营造良好社会风气。追求君子之道，能够带动更多人向善向上，形成良好的社会风尚，提升社会文明程度。第五，推动社会进步与发展和培养优秀人才。君子之道注重个人修养和全面发展，能够培养出具有高尚品质和卓越才能的人才，为社会发展提供人才支持。第六，能够促进社会公平正义。追求君子之道，要求个人秉持正义，勇于担当，推动社会公平正义的实现，促进社会进步。第七，传承和弘扬中华优秀传统文化，弘扬儒家思想。君子之道是儒家思想的核心内容之一，追求君子之道有助于传承和弘扬儒家文化，增强文化自信。第八，丰富民族精神。君子之道体现了中华民族的精神追求和价值取向，追求君子之道能够丰富民族精神，增强民族凝聚力。

综上所述，追求君子之道不仅有助于个人的成长和发展，也对社会的和谐稳定和进步发展具有重要意义。

第二章
君子文化概念及发展

第一节　君子文化的缘起与内涵

“君子文化”不仅是一种伦理理想和文化传统，也是稳定文明秩序的根基，是社会共同体精神的底层信仰。在个人层面，它引导人向上向善；在社会层面，它维系礼序与信任；在国家层面，它寄托治国理政的理想与责任。正如《中庸》所言：“君子之道，造端乎夫妇，及其至也，察乎天地。”君子文化不仅属于古人，也属于今人。君子文化既是中国人在农业文明时代自身人格的最高表现形式，也是中国人在工业文明时代自身道德修养的最深表现形式，是中国人在生态文明时代自身精神世界的最高维度。

一、君子文化的缘起

君子文化起源于中国早期的神话传说，正如余秋雨在其所著《君子之道》一书中的描述：“从神话开始，埋藏着一个遥远而深沉的梦，积淀成了一种潜意识、无意识的原型。”中国早期的神话是中国人精神信仰的化身，神话信仰从远古神祇转化为上古帝王后，人们对众神的图腾崇拜色彩逐渐被崇高的道德品性所取代。被人类信仰的神明失去了玄奥的神话象征意义，却拥有了现实社会的伦理教化功能。由此出现一种以神明为名，以伦理为核心的人格精神，供世人敬仰膜拜，并将这种信仰作为农业社会人与自然相处的最高法则，中国人的集体人格在混沌中孕育形成，君子人格的雏形开始以神明信仰的方式初现。

二、君子文化的内涵

君子文化是中华优秀传统文化的重要组成部分。千百年来，君子成为中国人不断追求的理想人格之一，是一个富有中华文化象征意义的表达符号。君子文化的魅力就在于守正出新、与时俱进。新时代君子的家国情怀，是对自我人格的认同与对人生价值的追求，是对国家、人民的热爱与对民族文化的自信，是对民族伟大复兴的自觉担当。因此，我们要紧扣时代脉搏，以家国情怀培育创新君子文化。

1. “天下兴亡、匹夫有责”的担当精神和家国情怀

君子者，为国为民，在面对危险时，不惧牺牲，不怕艰难，决然独立，中道前行，虽九死而心不悔。君子敢于独行，在于君子具有不怕牺牲、服务社会的价值理念。君子有敢为天下先的远大抱负，有面对危难投笔从戎矢志报国的卫国情怀，有“留取丹心照汗青”的献身精神，正是君子在面对国家民族大义时所表现出的为国为民、不畏生死的担当精神支撑着中华民族历经数次劫难而在历史长河中生生不息。

2. “仁义共济、立己达人”的互助理念

君子修身、齐家的最终目的是治国、平天下。齐家，就是管好小家，处好邻家，和谐大家。清朝宰相张英与六尺巷的故事深深反映出君子文化的和谐观。张英以仁爱宽厚为笔，以礼让为纸，以推己及人为墨，勾勒出六尺巷这一和美的画卷，流传至今。君子者，谦谦也。谦虚，就是才高而不自傲，功高而不自诩，德高而不自倚，名高而不自骄，位高而不自居。这样的人格魅力是我们每一个人向往和努力的方向。和谐社会需要每个人谦虚，需要每个人了解自身不足，需要每个人坚持立己达人，需要每个人以和谐为要。

3. 创新君子文化，融入社会主义核心价值观

古往今来，社会始终存有高度的互助思想和关爱情结。君子文化所崇尚的担当精神和家国情怀，在培育和践行社会主义核心价值观中，对于“富强、民主、文明、和谐”的国家层面价值观的实现，依然具有极为重要的引导作用。今天我们学习君子文化，就是在新时代大背景下挖掘君子文化的时代内涵，使之在实现中华民族复兴伟业中成为新的精神动力。新时代弘扬君子文化，要以正心笃志、崇德弘毅为重点，广泛倡导人们修心、修身、修为、修行，追求向上、向善，激发人们形成善良的道德意愿、道德情感，培育正确的道德判断和道德责任，提高道德实践能力，尤

其是自觉践行能力，引导人们向往和追求讲道德、尊道德、守道德的生活，形成向上的力量、向善的力量。

三、君子文化的发展

秦汉以来，君子文化得到了重要发展。汉代经学家将君子文化纳入了天人感应体系，董仲舒提出“正其谊不谋其利”的伦理主张，将君子之道提升到治国方略的高度，使君子文化与国家治理联系起来。魏晋玄学赋予君子文化形而上学维度。王弼提出的“圣人体无”对君子文化进行了哲学诠释，为人们开拓出精神超越的新境界，使君子文化在哲学层面得到新的发展。宋明理学完成了君子文化的心性论升华，为士大夫提供了具体的实践路径，使君子文化在个人修养方面更加深入和细化。

在历史长河中，许多先贤通过自己的实践，生动地诠释了君子文化的实践智慧。范仲淹“先天下之忧而忧，后天下之乐而乐”的政治担当，传承了孟子“达则兼善天下”的入世精神；王阳明“知行合一”的哲学突破，发展出注重实践的新型君子观；顾炎武“天下兴亡，匹夫有责”的呐喊，将个体修养与家国命运紧密相连。这些不同时代的典范人物，从各自的时代背景出发，共同丰富了君子文化的时代内涵，使君子文化在实践中不断发展。

特别是西汉时期提出“罢黜百家，独尊儒术”观点以后，董仲舒等儒家代表人物既维护了“君子”的人格原型，又鲜明地注入了自己的人格设计，由此将君子文化彻底纳入儒家文化的体系中，将“君子”的内涵从原来的身居高位的人或具有较高道德品行的人变成专指具有较高道德品行的人，并将“君子”人格作为儒学弟子追求“圣人”人格境界的中间环节。与难以企及的“圣人”境界不同的是，“君子”人格是每一个人在现实生活中经过努力都可以实现的。这一时期的君子文化已经不单单是孔子时期的君子文化，其中也夹杂了诸子百家对君子的理解，这一时期士人君子的特征逐渐稳定下来。

四、君子文化的转型

面对现代社会的价值困境，君子文化的弹性智慧展现出其独特优势，在很多领域发挥出重要作用。在职业领域，“用之则行，舍之则藏”的进退哲学，为当代人平衡事业追求与生命意义提供启示；在公共生活中，“和而不同”的交往智慧，为构建理性对话空间贡献方案；在全球治理中，“己所不欲，勿施于人”的道德金律，为化解文明冲突贡献中国智慧。

但是，传统君子文化要实现创造性转化，需在三个维度取得突破：从传统伦理向公民道德转化，将“仁爱”“诚信”等价值融入公民教育，推动君子文化大众化；从德性伦理向责任伦理拓展，强化“义利之辨”中的责任意识，回应现代社会分工需求；从心性修养向制度建构延伸，借鉴传统“礼法合治”的经验，将道德理念转化为制度设计。从心性修养到制度建构，如社会主义核心价值观对“和谐”“公正”的强调，可视为君子文化的现代重构。这种转化既是对传统的继承，更是面向未来的创新。

数字文明时代的新挑战，更需要君子文化的智慧启迪。面对人工智能伦理困境，“推己及人”的恕道精神可为算法设计注入人文关怀；在应对信息碎片化危机时，“博学审问”的治学传统能提升现代人的信息素养；元宇宙中的身份认同困惑，则可从“君子不器”的人格理想中获得启示。这些创造性转化，使古老智慧成为破解现代性难题的文化资源。

站在文明对话的时代高度，重新审视君子文化的演进脉络，我们看到的不仅是历史遗产的传承，更是文明基因的创新。从蘧伯玉到王阳明，从顾炎武到梁启超，君子文化始终保持着“旧邦新命”的文化自觉。在中华民族伟大复兴进程中，深入挖掘其现代价值，不仅关乎文化自信的根基筑牢，更是为人类文明新形态贡献中国智慧的关键路径。从中华人民共和国成立至今，尤其是改革开放之后，君子文化在马克思主义理论的指导下开始迈入自己的现代化之路，从延续民族血脉中开拓前进。君子文化的现代化转型之路充满着荆棘与坎坷。中国文化因其在封建社会末期就已形成现代社会的细胞，故中国文化的转型是内外因素交互作用的结果，在转型中经济与伦理的调试关系、序列关系必将面临极大的冲击，其中有多次的文化论战及文化争端，怎样在这种激烈的社会冲突中完成君子文化现代化的华丽转身是值得深入讨论的；君子文化的转型中怎样保持自身的民族特色及文化内核是君子文化传承的一个有待解决的难题。

第二节　君子文化的基本特征

不同的地理环境产生了不同民族的文化，不同民族呈现出不同的文化特征。君子文化的主要特点是由其产生的自然条件和社会历史背景决定的。从物质生产方式看，中国文化植根于农耕社会的基础之上，在生产技术尚不发达的情况下，人们靠天吃饭，风调雨顺，人们就衣食无忧。因此，人们对“天”怀有一种敬畏之情，这是天人合一思想形成的主要原因。从地理环境看，中国是处于半封闭状态的大陆性地域，与外部世界相对隔离，使君子文化能以自身独立姿态保持前后相关的延续性，形成共同的民族心理与伦理观念。从社会政治制度看，宗法制度在中国漫长的历史中成为维系社会秩序的重要纽带，专制制度在中国延续两千年，这在世界文化史上也是极为罕见的。

一、延续性

中国作为世界四大文明古国之一，其文化从未间断过。君子文化具有强大的生命力，具体表现在它的同化力、融合力和凝聚力。就同化力来讲，君子文化对一切外来文化都具有很强的“改造”作用，使其具有中华民族文化的基因，继而成为中华文化的一部分。佛教文化在两汉之际传入中国后，经过魏晋、隋唐佛教经典的翻译，最终变为中国式的佛教，一部分消融于宋明理学之中，成为中华传统文化的一部分。就融合力来讲，以汉民族文化为基础的中国文化广泛吸收华夏大地各民族及不同地域的文化，如楚文化、吴文化、西域文化等，成就了自己博大的体系和丰富的内涵。就凝聚力来讲，自古以来，中华儿女对祖国的热爱，海外华人对中华文明的认同与执着都是有目共睹的。就影响力来看，中华文明对周围地区、对世界的影响都是巨大的。

从比较的角度来看，中华文化虽屡遭冲击，却历经几千年不曾中断，这在世界上是绝无仅有的。不仅如此，它的生命力越来越强。历史上许多北方少数民族，如契丹人、女真人、蒙古人接连南下，虽然在中原地区多次建立起强有力的政权，但在文化方面，却总是自觉或不自觉地被以华夏农耕文化为代表的先进的中原文化所同化。

传统社会使用的文字，现代社会还在使用，没有发生大的变化，这为文化不间断性提供了可靠的载体。中国文字是象形文字，但是文字的构造有象形、假借、会意、指事等方法，因此，中国文字就不完全是具象化的文字，而是抽象化、意象化的文字。在中华文化的传承过程中，文字起了极大的作用。

二、务实性

君子文化是一种农业文化，植根于农耕文明，其思想基础十分朴素。因为“一分耕耘一分收获”的道理在农耕实践中体现得更为直接和明显，正是这样的思想基础，使得中华民族将勤劳视为美德，以不劳而获为耻。孔子说：“富而可求也，虽执鞭之士，吾亦为之。”（《论语·述而》）因此，中国人形成了独具一格的实用“经验理性”思想和重农、尚农、重实际的务实精神。这种务实精神作为一种民族性格植根于农耕经济的厚实土壤，以农为本的中华民族在长期的社会生产实践中形成务实的共识。这种务实精神也使君子文化的价值取向定位于立足现实、安土乐天的生活情趣，倡导惜天时、尽地力、重本务、远离玄虚、鄙夷机巧奸伪的思想观念。

三、人文性

君子文化的人文性，是君子文化绵延数千年而依然充满活力的重要因素。君子文化主要以思考人自身的存在为出发点，以人为中心，强调天人合一。可以说，人文性的特征造就了君子文化。相对于世界上其他民族来说，中华民族是摆脱神学束缚最早的民族。因此，中华文化闪耀着熠熠生辉的人文精神。

第一，君子文化具有鲜明的非宗教倾向。中国历史上自周代以来，神权从未占据统治地位，王权始终高于神权。周代统治者们鉴于殷商灭亡的历史教训，已经充分认识到民意的重要性，“重民轻神”的民本思想开始兴起，殷商时期颇为盛行的宗教意识受到很大程度的抑制。重民轻神的观念随着汉代以来儒学的勃兴又得到了进一步的发展。在中国传统思想中长期居于主流地位的儒学，高度关注现世人生。《论语》中的“敬鬼神而远之”“天道远，人道迩”“未能事人，焉能事鬼？……未知生，焉知死？”等，充分肯定人及生命的重要性，在人与神之间以人为本，这种重人道轻神的非宗教思想倾向，很好地体现了人文性的特征。虽然中国远古时期的先民们对天命鬼神十分崇拜，直到殷商在意识形态上仍有“尊天事鬼”的特点，但是西周之后就发生了很大的变化，宗法道德观念的确立，使人们摆脱了神学观念，这是君子文化与西方文化、印度文化相区别的一个突出特点。在欧洲及印度，神或上帝、佛是最高的信仰，是人们精神的寄托。在西方及印度文化中，道德来源于宗教，宗教的神是神圣不可侵犯的。中国文化以人为核心，以人与人之间的关系为基础确立人的道德规范和行为准则，追求人的完善，追求人的理想，追求人与自然的和谐，体现了人本精神。

第二，君子文化体现在追求自我人生价值的实现。由于非宗教性的思想倾向，君子文化不刻意要求人们去追求灵魂的不朽，而是重视关注现世人生，把内在道德修养和外在的社会实践结合起来，即“内圣”与“外王”结合起来，努力去立德、立功、立言，从而成就为天地立心，为生民立命，为往圣继绝学，为万世开太平的理想人格。

四、伦理性

伦理道德是中国文化的精髓与根本，也是君子文化优于其他国家文化的地方。伦理道德是指人们在社会生活中的行为规范，它在调节人与人之间的关系、实现人的价值方面具有极其重要的作用。人类社会要和谐，各民族要和睦相处，无一不需要道德的力量来支持。君子文化关于道德的论述涵盖了人们生活的方方面面，全面而透彻。从中国哲学的“天命靡常，惟德是辅”和中国古代史学的“寓褒贬，别善恶”，到中国古代文学的“文以载道”和中国古代教育的“教之道，德为先”，君子文化处处闪耀着伦理道德思想的光芒。

崇尚伦理道德是中国封建社会调和人际关系的准则，更是维系整个社会大厦的精神支柱。以人为本的伦理道德受到历朝统治者大力倡导，也得到民众的重视。伦理道德在中国威力强大、影响深远，是其他民族文化所不能比拟的。如果说欧洲长期以来曾是神学统治天下，那中国则是伦理道德主宰天下。伦理道德渗透于整个中国社会的方方面面。中国文化的伦理道德正是为适应家国一体的宗法社会需要而形成的。宗法制社会结构以血缘为宗法组织的基石，家族或宗族的存在与巩固，离不开以血缘关系为纽带的长幼尊卑秩序。传统伦理道德的一个重要功能就是维护这种尊卑秩序，以家庭为本位的宗法集体主义文化使家族走向国家，以血缘纽带维系奴隶制度或封建制度，形成一种“家国同构”“家国一体”的体制格局。

关于道德修养，君子文化强调“厚德载物”，即以宽厚之德包容万物。君子文化是对道德问题阐述最全面、最透彻的一种文化，其思想涉及人类道德的方方面面。首先，强调做人要成大器，必须虚怀若谷。孔子说：“三人行，必有我师。”庄子的《秋水》将谦虚的美德阐述得更加透彻。其次，强调立志。孔子曰：“三军可夺帅也，匹夫不可夺志也。”孟子道：“富贵不能淫，贫贱不能移，威武不能屈，此之谓大丈夫。”再次，倡导博爱精神。从孔子的“人不独亲其亲，不独子其子，使老有所终，壮有所用，幼有所长，鳏寡孤独废疾者皆有所养”，到孟子的“老吾老，以及人之老；幼吾幼，以及人之幼”，都是这一思想的体现。最后，倡导“节欲”“制欲”，克制自己的欲望。关于人的物欲与情欲，古代先哲们有比较深透的论述。孔子认为，“富与贵，是人之所欲也”，“贫与贱，是人之所恶也”（《论语・里仁》）。荀子认为，人性“生而好利”，因为好利而不可避免地要争斗，“争则乱，乱则穷”（《荀子・礼论》）。这就需要节欲，无欲则刚。孔子提倡的安贫乐道就是典型的“节欲”思想。

关于为人处世，君子文化论述得也很深透。首先，强调人与人之间要相互关爱，即孔子所说的“仁者爱人”。孔子说：“人而不仁，如礼何？人而不仁，如乐何？”

(《论语·八佾》)其次，强调换位思考，倡导设身处地为别人着想。孔子主张“己所不欲，勿施于人”，“己欲立而立人，己欲达而达人”。一个人如果能做到推己及人，将心比心，就会爱人如己。“仁者爱人”是社会安定、人际和谐的道德基础，换位思考则是实现“仁者爱人”的催化剂。

伦理道德思想是君子文化的核心与精髓，孔子强调“仁、义、礼、智、信”。所谓“仁”，是指以慈善之心对待他人。其核心就是关爱、呵护与尊重。唐太宗仁德布于四海，就是对仁的最好阐释。所谓“义”，主要是指人的行为要合乎道义。古人讲“舍生取义”，是指为了道义可以献出生命。如关羽的“义薄云天”就是对“义”的最好解释。所谓“礼”，是指对别人的尊重，人的行为要合乎准则和规范。所谓“智”，是指通晓天地之道、深明入世之理，也就是知。所谓“信”，是指人的言论应当是诚实的、真实的，不虚伪。这五个方面是对人在德才方面的基本要求。总体来讲，君子文化关于伦理道德的论述十分系统和完备，其中尤以“仁、义、礼、智、信”五种最基本的道德规范影响最为深远，备受世界各国道德学家推崇。

在君子文化中，臣对君要忠，子对父要孝，妇对夫要顺，弟对兄要恭，朋友之间要讲信义，伦理道德成为所有中国人安身立命的准则。修身作为立命的根本，仁义之士都要以修身、齐家、治国、平天下为己任，而修身必须从正心、诚意做起。《大学》云：“欲修其身者，先正其心，欲正其心者，先诚其意。”认为只要端正认识，时时反省，就能趋善避恶。突出个人道德修养的自觉性和主动性，目的是要塑造“至善”的人格，培养具有理想品德的君子。《论语》云：“三军可夺帅也，匹夫不可夺志也。”《孟子》中更明确说：“富贵不能淫，贫贱不能移，威武不能屈，此之谓大丈夫。”这种即使身处逆境也决不动摇信念，保持浩然之气和坚实刚正不阿气节的精神境界，在铸造中华民族的精神品格方面有着持久的影响。

第三节　君子文化的价值

中国是世界上历史最为悠久、文明开化最早的国家之一。在中华民族的开化史上，有素称发达的农业和手工业，有许多伟大的思想家、科学家、发明家、军事家、政治家、文学家和艺术家，有丰富的文化典籍。在人类文化发展史上，中华文明曾彪炳寰宇，震古烁今，辐射亚洲，远播世界，对文明的发展产生过巨大的影响。

文化是属于全人类的共同财富，是由众多的文明民族世代积累与不断交流得到的结晶。中国君子文化同世界其他民族的文化一样，都具有流动性，这是任何文化自身都具有的功能特性。一个民族的文化之所以能够向外传播，一般取决于两个基本条件：其一是向外流动的文化要素，其二是接受外来文化的民族和地区，它们出自切身需要对外来文化有选择性地吸收。有选择才能吸收，有流动和吸收才能发展。

君子文化数千年来延绵不绝，在与外界文化进行物质、能量和资讯的交换中，已经成为人类文化总体中的一个特殊分支。它的价值是永恒的。它不可能被任何文化所代替，也不可能趋向或归并于任何一种文化。

君子文化重视人的心性修养和社会价值，所以儒家以“格物、致知、诚意、正心、修身”为内圣，以“齐家、治国、平天下”为外王。重“仁”倡“礼”，讲“等级秩序”，反对严刑峻法，蔑视体力劳动，轻视科技工艺。中国古代的许多发明创造，都来自没有文化或文化程度较低的体力劳动者。技术、工艺也大多是师徒相承，口口相传。西方基督教文化以人性本恶为前提，为限制人类的原恶，讲究外在的约束，故西方实行法治，讲究平等，推行民主，重视科技。可见，中西文化有着天然的互补性。在经济全球化、文化多元化深入发展的今天，我们应当坚持“国学为本，兼容他学”的宗旨，促进以君子文化为代表的中华传统文化与世界其他民族优秀文化的交流、对话和融合，维护世界和平，推动人类进步。

事实上，从二十世纪六七十年代以来，韩国、日本、新加坡等认同中国传统儒家文化为其文化根源的国家，都没有摒弃传统，而是坚持创新发展。中国之所以被誉为礼仪之邦，就是因为君子文化有效地规范了广大民众的言语和行动。受中国君子文化重要影响的新加坡，将儒家文化融入国家、社会、家庭和个人生活中，提升了整个社会的精神文明程度。

君子之道是儒家文化及其核心价值观的具体体现。作为儒家文化基础的价值取向和思维方式是心性之学和天人之学。基于心性的价值取向与知命合天的思维方式以及仁、义、礼、智、信等构成了君子之道的本质内涵。其实，儒学真正的本质是一种关于人的学问。儒家学说乃至整个中华传统文化，很重要的内容是阐扬仁、义、礼、智、信，以及忠、孝、廉、悌等众多为人处世的伦理和规范。这些伦理规范最终都聚集、沉淀、融入和升华到一个理想人格即“君子”身上。君子作为孔子心目中崇德向善的人格，既理想又现实，既尊贵又亲切，既高尚又平凡，是可见、可感，又可学、可做，并应学、应做的人格范式。

习近平总书记指出：“文化自信是更基础、更广泛、更深厚的自信。”自信首先在于对传统文化的自信。他特别强调，使中华民族最基本的文化基因与当代文化相适应、与现代社会相协调，以人们喜闻乐见、具有广泛参与性的方式推广开来。推进中华优秀传统文化的创造性转化、创新性发展，以不忘本来、吸收外来、面向未来的姿态创造我们的文化业绩。在现代社会中，如何让中华传统文化焕发出新的生命力，为解决当下中国人的安身立命问题提供思想资源，是当代学子努力的方向。

第一，从人格与国性的角度来阐释，人格如何关乎国家命运。近代思想家就非常重视对国民进行君子人格教育，如近代最早“开眼看世界”的启蒙思想家严复认为，经典教育的第一目的是培养人格，对于所有国民而言，做人是第一位的，没有人格就不能算人。“无人格谓之非人”，“无国性谓之非中国人”，丧失国性就不配做中国人。人格是针对个人而言，国性则是针对民族而言。一个民族的发展，当然要有经济实力做后盾，这是不言而喻的。另外要具备两个前提：一是民族内部的文化认同，这是民族是否具有凝聚力的关键；二是民族整体文化素质要高。严复曾指出，只有民族总体素质提升了，才能谈及民族的发展。

1914 年，近代思想家、教育家梁启超曾应邀在清华大学做了题为《君子》的著名演讲，通篇所谈都是人格教育，他鼓励学生树立远大理想，培养完全人格，要做“真君子”。他说：“《鲁论》所述，多圣贤学养之渐，君子立品之方，连篇累牍势难胪举。周易六十四卦，言君子者凡五十三，乾坤二卦所云尤为提要钩玄。”他的演讲深深打动了清华大学师生，之后不久，清华大学就把“自强不息，厚德载物”定为校训。

1926 年 10 月 3 日，近现疑古大师顾颉刚在厦门大学纪念孔子诞辰的会议上做了题为《孔子何以成为圣人》的演讲，他说：“各时代有各时代的孔子。”“春秋时的孔子是君子，战国时的孔子是圣人，西汉时的孔子是教主，东汉后的孔子又成了圣人，到宋代又快要成为君子了。孔子成为君子并不是要薄待他，这是他的真相，这是他自己愿意做的。”孔子的确是君子，是有血有肉、讲原则、知变通的真君子。

第二，从人格自信与文化自信的角度来分析，一个民族的文化自信仰仗于每个个体生命的自悟与自信。由对华夏文明的衷心热爱与自豪感而生发出来的文化自信，表现在个体的身上，便是一种不疑不惧、“不怨天、不尤人”、坦然自若的君子品格。《周易・乾卦・文言》曰：“君子以成德为行，日可见之行也。”张载解之谓：“‘成德为行’，德成自信而不疑。”（《横渠易说・乾》）也就是说，君子“成身成性以为功”，日见其成，怀德而行，则无所疑惧，心地坦荡；反过来，自信也是修为成德的一种必然表现。明代大儒薛瑄说：“所见既明，当自信，不可因人所说如何，而易吾之自信。君子取人之德义，小人取人之势利。疑人轻己者，皆内不足。”因为修身立德，内心才有了道德标准，所以做人、做事便有原则，有定力，就不怕别人的毁誉，不为外力所左右。薛瑄力倡“人当自信”，谓：“人当自信、自守，虽称誉之、承奉之，亦不为之加喜；虽毁谤之、侮慢之，亦不为之加沮。”这种遗世独立的品格，完全是因为个人的内心有标准，胸怀天下，浩气凛然，有坚定的道德理想信念。这样的自信是和中华文化的大传统联系在一起的，受华夏文明雨露的滋养，每个个体情志的养成、品行的涵育、见识的积累，乃至健全人格的完型，无不和这个传统联系在一起，大到立身做人的品节，小到日常生活的琐事，都受到其观念的影响和文化的熏陶。所以，民族文化自信必然仰仗于个体生命的自悟与自信，没有自信的人格，便没有自信的文化。

第三，从君子与理想人格的角度来辨析，君子更具有普适性和感召力。一般意义上说，君子是一种理想人格，但严格地说，两者是有区别的。理想人格并不是人人都能够成就的一种人格，它作为一种理想，是为每一个人树立的道德楷模，人人都有可能实现，但并不等于每个人都能实现。君子则不同，君子是普通人在日常生活中应该努力、也应该做到的。因此，君子并不是严格意义上的理想人格，而是不断追求并自觉践行理想人格的优秀人格，是不断趋向于理想人格的现实人格。这并不是否定或降低君子的价值，恰恰相反，君子与理想人格相比，更具有普适性和感召力，更具有独特的价值。君子概念历久而弥新、古老而鲜活，至今仍保存着旺盛的生命力。君子人格在不同阶层人群，包括社会底层老百姓中都有相当的知晓度和认同度，君子风范今天仍被绝大多数中国人奉为做人的标准。

第四，从君子文化与儒家文化关系的角度来讲，儒家文化丰富发展了君子内涵。“君子”的核心内涵相对稳定，同时又随着文化的发展而不断丰富。在此过程中，儒家文化做出了重要贡献。从历史上看，中国传统文化最终形成了以儒家思想为主的基本格局，这在君子文化中也有所体现。儒家的理想人格及其对理想人格的追求，不断丰富着中国文化中的君子内涵。如儒家的自强不息、见贤思齐等，都成为君子文化的丰富内涵。

第五，从君子与“正义”的角度来看，正义美德和君子人格相得益彰，是现代社会最需要的美德。由于时过境迁，今天我们似乎不可对君子的标准定义过高，能始终不渝地做到“己所不欲，勿施于人”才是君子。一个人能恪守恕道，就不失仁心，就意味着他不难养成正义美德。一个具有正义美德的人会敬重法则，自觉地按合乎正义的法则办事，为官则依法行政，为民则自觉守法。其实，现代正义包含最低限度的仁爱。一个有正义美德的人，敬重自己心中的道德标准和建立在这种道德基础上的一切法则（包括法律），也会敬重所有人的尊严而不失仁心，这样的人也可称为君子。这样的人越来越多，人与人之间才会互相信任。

第六，从君子文化与人类文明的角度来分析，君子文化是富有启示的人类精神资源。人们通常把儒家的君子文化理解成个人修养，其实儒家的思考从来都是立足于个人而寄望于全社会的。儒家谈君子，目标是促进人类文明。当今世界，和平与发展虽是主流，但全球并不安定。正在走向伟大复兴的中国给人类带来怎样的愿景，是一个关键性问题，而儒家的君子文化是富有启示的精神资源。中华文化在历史变迁中形成了自己的特质，如何传承此特质并呈现于世界，这是时代的挑战。今天谈儒家君子文化，既需要对自己的文化高度自觉、自信，又需要有开放的视野，传承创新。人类的分歧与冲突虽然难以避免，但君子却应坚持以和平的方式面对与化解。

总之，君子文化彰显着民族深沉精神追求和独特精神标识。做人要做君子，这是中华民族世代相传的祖训，像血液一样流淌在每个中华儿女的内心，已不同程度地成为中华儿女做人做事的人生信条，以一种日学而不察、日用而不觉的方式，影响和调节着人们的价值判断和行为方式。其实，我们每个人的内心、基因、血液里都渗透着这些内容。人的精神世界的丰满，需要文化的滋养；一个国家和民族精神家园的丰厚，更需要文化的认同。从优秀传统文化美德中汲取营养，激活和焕发人们内心由传统文化长期熏陶而形成的价值理念，是确立、培育和践行社会主义核心价值观的必修课。“君子”意味着不断地超越自我、超越庸俗，是高远境界的标杆。“君子”也是一个富有时代风采的概念，携带着时代的气息，镌刻着时代的印记。君子文化就像一条奔腾不息的大河，冲刷着旧物的束缚，吟唱着新生的欢歌，总是保持活力与朝气。君子文化的魅力就在于守正出新、与时俱进。倡扬君子文化，既要向后看，也要向前看，而最紧要的是把握当下。

第四节　君子文化的时代意义

君子文化既然带有现代化因素，是实现现代化的一个动力，那么，中国文化实现现代化的基础便不是全面摒弃传统，而是有所扬弃，突破古代衍传下来的程式，光大符合现代化的因素，更重要的是将“和”的视野从系统内部延伸至世界文化这个大系统中。21 世纪是重新构建世界文化新体系的时代，君子文化必将在各国各民族各层次文化的重新认知、相互磨合和重组中再度焕发出新的活力。在世界多极化、经济全球化发展的今天，东西方各种思想文化相互碰撞。在这种形势下，我们应特别注意保持并努力发展中国文化的民族性，尊重中华民族的传统文化，有效利用这一重要资源。目前，一些人认为全球化就是一体化，民族文化将不复存在，民族精神将逐渐消解。这种说法，要么是缺乏常识，要么是别有用心。因此，建设中国特色社会主义先进文化应当正确对待君子文化，坚持中华文化的民族性，发扬“中国风格”“中国气派”“中国特色”，加强文化安全，防范一切西化、分化图谋。与此同时，也应当坚决反对狭隘的民族主义、文化割据主义和保守主义，积极参与全球化的进程，增强民族文化的世界性及其影响。

当然，弘扬君子文化，不应妄自尊大和盲目排外，而应把弘扬君子文化与学习世界先进文化结合起来，把继承与创新结合起来，这样才能使君子文化在新时代、新环境中生生不息，才能真正实现中华民族的伟大复兴。

从世界历史的范围来考察，作为世界文明与文化重要组成部分的君子文化是历史悠久和灿烂辉煌的。英国著名历史学家汤因比认为中国古代文化是美好的，且在未来将进一步做出积极的贡献。君子文化遗产中蕴含着一种无与伦比的强大力量，这就是中华民族的世界精神。君子文化有其重要的世界性意义，西方世界对君子文化的肯定，在个人与社会的关系问题上，主要表现为对中国传统道德中的重德、贵和思想的汲取；在人与自身的关系问题上，则主要表现为对自觉、自在、自由心性的充实与对尽心、知性、知天的理想人格的向往与追求；在人与自然的关系问题上，主要表现为对中国传统的天人合一、天人和谐精神的推崇。就世界范围而论，无论是经济发达的西方，还是正在崛起的中国，社会生活都面临着过度物质化、功利化的问题，人的精神上的需求得不到满足似乎已经成为一个普遍的问题。许多有识之士指出，在当今世界，由于对物质的追逐，正滋长着极为可怕的冷漠感、荒谬感和无意义感。要走出这种不幸和悲哀的困境，首先就必须摆脱物的羁绊。中国文化建设落后于经济建设，尤其是作为社会精神支柱的人生理想问题没有得到很好的解决，以致人们在物质生活不断改善的同时，精神世界却十分荒芜。从这个意义上说，以注重心性、长于伦理为基本特征的君子文化，无疑能为现代人走出自我心性的迷失提供多方面的理性启迪。有着几千年历史的君子文化在完成由古代向现代的转型过程中，必将以其特有的思想精华，继续启迪和烛照人类文明与文化创造的进程。

一个民族的文化发展，离不开整个世界文化的发展。从全球意识的角度看，当今世界已进入高科技的信息时代，各地区、各民族之间相互联系日益密切，任何一个民族都不可能在闭关自守中搞现代化。一方面，世界现代化历史证明，落后国家和民族要赶上世界，就必须根据自己的国情与历史文化传统，扬长避短，选择本民族的文化现代化道路，在民族文化传统的认同中寻求与世界文化“接轨”的最佳结合点。另一方面，任何一个民族，如果没有世界眼光、全球意识，不能从世界整体格局上来审视自己民族文化的发展，即使是发达国家和民族，也有可能离开人类文化发展的轨道，陷入困境，不发达国家和民族更是如此。如果盲目照搬其他国家的经验，只能跟着别的国家背后爬行。合理的态度应该是立足国情，面向世界，只有这样，才能走出一条具有民族特色的赶超世界先进文明的现代化之路。中华文化的现代化尤其应当如此。这是因为我们的生产力和综合国力还不够强，必须借鉴和利用全部人类文明的成果来弥补自己的不足。同时，我们又是一个具有悠久历史文化传统的国家，有丰厚的民族文化资源，如能加以合理利用，它将成为中华民族赶超发达国家的精神动力。时至今日，世界文化的统一性与民族文化的多样性不再是对立的两极，相反，两者的对立统一，相辅相成，已成为人类未来文化发展的底色。

每一个民族都以其在各自的生存条件下所形成的特殊智慧，为世界文化宝库贡献出一份别具特色的文化杰作。但是，多样性是统一世界中的多样性，即现代化文化的多样性，中华文化只有取人之长，把自己的文化性格提高到当代世界先进水平，才能使自己的民族精神得以复兴。

让中华文化走向世界，是每一个中华儿女对君子文化传承的历史责任，也是21世纪的中华民族对世界文化发展的历史责任。回顾中华文化从辉煌到危机的历史，我们必须反省自勉，勇敢担负起弘扬君子文化、振兴民族精神的重担。

社会主义核心价值观是君子文化的超越升华。君子文化是社会主义核心价值观的基础根源，但不是唯一内容。社会主义核心价值观还广泛吸收了人类文明的其他优秀成果，总结了我国社会主义精神文明建设的基本经验，是马克思主义中国化的最新理论成果。社会主义核心价值观体现了中国特色社会主义的共同理想，反映了全国各族人民的普遍愿望，具有先进性、时代性、开放性、广泛性、民族性等特征，是当代中国最进步的价值观。因此，社会主义核心价值观不是君子文化的简单继承和现代复归，而是在马克思主义指导下，根据时代的发展变化，坚持“古为今用、推陈出新、取其精华、去其糟粕”的方针，为君子文化注入新的时代内涵，实现了君子文化的创造性转化。社会主义核心价值观是对君子文化的超越升华，同时也使君子文化重新焕发出生机活力。

培育社会主义核心价值观，传承弘扬君子文化，前提是处理好继承与创新的关系。对那些具有民主性精华、与当代文化相适应和现代社会相协调的君子文化，我们应继承弘扬，纳入社会主义核心价值观范畴。如“天下兴亡，匹夫有责”的爱国传统，“天行健，君子以自强不息”的民族精神，“仁者爱人”“民胞物与”的大爱情怀，“乐以天下，忧以天下”的忧患意识，“人无信不立”“诚实守信”的做人准则，“和而不同”“执两用中”的思维方式。但君子文化也不可避免具有某些历史局限性，不尽适应我们今天所处的时代。只有对其进行创造性转化和创新性发展，才能更好地适应时代需要，融入社会主义核心价值体系。没有继承就没有创新，只有创新才能推动事物的发展。

赋予君子文化新的时代内涵，一是注重挖掘君子传统文化的时代价值。君子文化富含思想道德营养，只要结合时代要求加以延伸阐发，不难发现其现代价值。如儒家强调“仁者爱人”“博施济众”“老吾老以及人之老，幼吾幼以及人之幼”。仁爱本意是关心人、爱护人、帮助人。如果深入挖掘，则可以发现其中包含了以人为本、平等博爱、和谐友善等现代价值。将它纳入社会主义核心价值观，就是要大力培育人们的团结友爱、助人为乐精神，形成友善的人际关系，营造和谐的社会环境。二是对君子文化进行现代改造。将君子文化中不符合时代潮流的元素剔除，继承其合理成分。三是直接赋予君子文化新的时代内涵。“民为邦本，本固邦宁”“水能载舟，亦能覆舟”体现了古代的民本思想。民本思想揭示了一个真理：老百姓是社稷的基础、国家的根本，只有老百姓安居乐业，国家才能稳定，社会才能繁荣，统治者地位才能巩固。如果直接将民本思想赋予新的时代内涵，就是我们党必须坚持群众观点和群众路线，始终做到立党为公、执政为民、以人为本，把人民利益放在首位。

社会主义核心价值观与君子文化联系紧密。社会主义核心价值观属于社会意识的范畴，是一种社会主义的观念体系。它是在特定的民族文化环境中发展起来的。在马克思主义看来，任何时代的社会意识，都和以前时代的社会意识有着联系，它的产生和发展都以前人所积累的思想材料作为前提。而中国君子文化是社会主义核心价值体系的重要源泉。当代中国，面对各种文化的冲击和社会思潮的碰撞，必须在中国共产党领导下，使建设社会主义和谐社会成为当代中国的主题，把君子文化融入社会主义核心价值体系的构建中。也只有如此，君子文化才可以与时俱进，对中国国家文化软实力的提升保持持久性的贡献。君子文化与社会主义核心价值观的关系是一个值得不断深入研究的理论问题，同时也是具有现实意义的实践问题。倡导社会主义核心价值观必须与弘扬君子文化联系起来，注重君子文化的作用。在当代更要具备创新意识，使君子文化能够被永久珍藏。君子文化包含丰富的社会主义核心价值观因素，君子文化的文化精神主要体现在三方面：一是凝聚精神，二是兼容精神，三是自强不息精神。

一、君子文化包含“富强、民主、文明、和谐”的核心价值观

富强，即富足而强盛。《管子》曰：“主之所以为功者，富强也。故国富兵强，则诸侯服其政，邻敌畏其威。”物质利益原则是人类生活和社会生活的基本原则，也是君子文化内容中的一个重要方面，人不可脱离物质利益而存在。因此，富强就继承了君子文化中的物质利益原则。然而在当今的社会发展条件下，富强不仅仅解决温饱问题，当前的富强有了新时代赋予的更全面、更广泛的含义。在当今，富强不仅仅是物质的富裕，更是精神财富的丰富以及硬实力和软实力的双重发展。

民为邦本。在中国传统文化中，民本文化是治国的文化总纲。民本站在君主立场，表达的主要是一种道德诉求，旨在限制和约束君主行为，重在对君主和官吏的品德培养和人格塑造，它的核心是爱民利民。民主思想主要内容包括主权在民、法律至上与权力制约思想。民主站在民众立场，表达的是一种权力诉求，旨在限制和约束政府权力，重在国家制度的建设，它的核心是主权在民。民本和民主都认为民是国家的基础和根本，都重视民生、民用问题。

和谐，追求和谐，是君子文化中的核心概念之一，也是最精髓的内核。构建和谐社会、和谐世界的中心环节是正确处理人与人的关系。中国先哲认为，在天时、地利、人和三要素中，人和是最关键、最重要的。当今中国推行以邻为伴、与邻为善、求同存异、和平共处的外交政策，坚持走和平发展的道路，提倡建设持久和平、共同繁荣的和谐世界，正是君子文化精髓合乎规律的继承和发扬。当代中国追寻的文明社会，就是要继承并发扬君子文化中的先进文明，传承民族精神，使民族精神走向世界，提高综合国力。

二、君子文化包含“自由、平等、公正、法治”的核心价值观

自由，不仅是君子文化的重要价值观念，更是全人类永恒不变的追求与向往。君子文化对“公正”“平等”自古就有所重视。君子文化认为，公正、平等是诚信在社会层面上的具体化。一个人若诚信，他就能持守着天道所赋予的至善德行，这使他在社会上也能够力求保持公正、善美，反对偏私、丑恶。将公正、平等、自由凝聚起来，就成为“法治”。法治的落实，就在于法制、法律要体现出公正、平等、自由的导向。君子文化虽然特别强调德治，但也并非没有法治的思想。孟子就指出“徒善不足以为政，徒法不能以自行”。荀子较之孟子更为强调法治的重要性，并指出通过“法治”补充“礼治”的必要性和重要性。总之，在社会层面上，应该让德治与法治得到双向互动，从而既能固本培元，又有制度保证。这是君子文化对于培育法治的启示。不过，君子文化特别强调“德治”的引导，而相对忽略“法治”的落实，这需要做出批判与转化。

三、君子文化包含“爱国、敬业、诚信、友善”的核心价值观

中国古代由于处于封建社会中，因而仁人志士的爱国情怀始终与反对封建统治的压迫剥削是分不开的，因此说到爱国情怀，势必表达的是一种追求人人平等、自由、法治的情怀。中国人的爱国主义情怀是君子文化中表现得最淋漓尽致、振奋人心，也是表达得最为透彻的一部分。从屈原到岳飞，既有《离骚》的无奈愤恨，又有《满江红》的慷慨激昂。敬业、诚信，这两条看似是当今社会上流行的新鲜词汇，但实际上与我国传统文化也有着紧密的联系。在个人层面上，“诚信”“友善”“敬业”“爱国”本来就是君子文化的内容。四者之中，“诚信”要更为基础一些。所谓“诚信”，是“诚”与“信”的结合，字面意思是诚实守信。在儒家看来，“诚”是一个最高的概念。《中庸》指出，“诚”是天之所以为天的根据，是生生不息、真实无妄

的“天之道”。“诚信”是“友善”和“敬业”的基础。具体地说，诚信就是要坚守和推行至善的德行，而德行的推行，必然会带来“爱”与“敬”。实际上，友善与敬业相当于“礼乐之教”。友善是“乐”，敬业是“礼”，“礼”“乐”是从“爱”“敬”中生长出来的，“爱”“敬”是“礼”“乐”的基础。《礼记·乐记》说：“乐者为同，礼者为异。同则相亲，异则相敬。”诚信、敬业、友善融合在一起的最高境界就是一种爱国情怀。与人友善、爱岗敬业、诚信友爱，这些都是爱国情怀不可或缺的部分。

社会主义核心价值观就是在君子文化精髓的基础上发展和建立起来的，社会主义核心价值观也是君子文化的当代体现。因此，弘扬君子文化，是培育和践行社会主义核心价值观的重要途径。

第三章
君子类型

儒家阐发的君子之学内容非常丰富，包括君子人格形象的本体依据、君子结构的构成要素、君子的外在表征、君子的社会地位、君子的规范准则、君子的胸怀境界、君子的存在形态、君子的价值观念、君子的精神情感、君子的修身工夫等诸多方面。那么，越来越多的人按照君子人格的标准长期修养，力争成为君子，并在社会上蔚成风气，将给社会带来怎样的变化？在打造君子人格的大趋势下，每个人因为社会分工、本来基础、外在环境和自身修养方面的差异，达到的成效也会不同，最后，虽然同样具备了君子人格，成为人们尊敬的君子，但却不会千人一面，而是风采各异的。少数的人各种美德集于一身，多数的人则在某些方面引人注目。他们同样受到人们的尊重。这样的君子多了，我们的社会就会更加和谐，发展就会更好，人们的生活也会更有幸福感。按照儒家的传统阐释，综合古今君子的杰出表现，归纳千百年来人们对不同类型君子的称谓，可把君子分为七种类型：仁德君子、诚信君子、谦谦君子、情义君子、宽厚君子、中和君子、忠恕君子。他们在不同方面发力，共同营造了社会的君子之风。

为使大家了解古代君子多彩的风貌，下面分别予以阐述。

第一节　仁德君子

儒家的仁学把仁看作是人的道德本源和根本，而仁的本质就是爱人，既爱自己又爱他人，“仁”最为充分地体现了利他主义的品格。诚然，儒家也承认君子有不讲仁爱的时候，孔子就从君子与小人对比的角度断定君子也做过不仁不义的事：“君子而不仁者有矣夫，未有小人而仁者也。”（《论语·宪问》）他甚至公开承认君子也有自己讨厌的人和事：“恶称人之恶者，恶居下流而讪上者，恶勇而无礼者，恶果敢而窒者。”（《论语·阳货》）那么君子不仁、君子恶人与君子爱人是不是存在逻辑矛盾呢？其实并不冲突。首先，儒家也承认圣贤会犯过失，君子并非绝对完满的，同样也会由于种种主观和客观的原因而不爱人。其次，如孔子所说的“唯仁者能好人，能恶（wù）人”（《论语·里仁》）一样，君子爱憎分明，普遍地说他爱所有的人，特殊地说他对那些坏人、恶人就不可能爱，也不应当爱。最后，君子具有通权达变的智慧，也具有既爱人又恶人的双重选择，他并非人们想象中的好坏不分的好好先生，而注重明辨是非、分辨善恶，因而也有君子之恶，这就是憎恶到处宣扬别人的过错的人，憎恶处于下位而毁谤上位的人，憎恶看似勇敢却不懂礼节的人，憎恶刚愎自用的人。

仁是儒家思想的核心，作为仁智兼具的君子，作为具有较高才智、德行和能力的君子，儒家自然会突出他重仁、近仁、向仁和行仁的特质，自然更为彰显他肩负起关爱他人的道德义务。曾子从如何交友的视域提出了“君子以文会友，以友辅仁”（《论语·颜渊》）的规范，而荀子则从语言伦理的角度强调“君子之行仁也无厌”（《荀子·非相》）的观念，孔子和孟子则分别提出了君子以仁制欲的个人品性伦理和事君志于仁的社会公共伦理。

一、以仁制欲

孔子说：“富与贵，是人之所欲也；不以其道得之，不处也。贫与贱，是人之所恶也；不以其道得之，不去也。君子去仁，恶乎成名？君子无终食之间违仁，造次必于是，颠沛必于是。”（《论语·里仁》）追求富贵与规避贫贱是所有人向往的，就算君子也莫不如此。但是，区别于凡人，君子之所以为君子，就在于他时刻保持仁德，始终按照仁道原则来决定富贵与贫贱的价值取舍，而且他能够在紧迫危机和颠沛流离之时无一不遵循仁德办事。如此的以仁制欲行为，既是君子面临各种人生际遇能够超然于世的优秀品质，也是他深沉的为人处世态度所在。

二、事君志于仁

毋庸置疑，孟子的君子之学最有原创性的贡献是提出了影响深远的“君子之于物也，爱之而弗仁；于民也，仁之而弗亲。亲亲而仁民”“仁民而爱物”（《孟子·尽心上》），意思是君子对于万物，爱惜它，但谈不上仁爱；对于百姓，仁爱，但谈不上亲爱。亲爱亲人而仁爱百姓，仁爱百姓而爱惜万物。同时孟子在儒学史上还提出了著名的“仁政”说，据此反对战争杀伐的霸道政治，而在讨论君子如何侍奉君主时，他指出仁者不会借杀戮而争得领土：“徒取诸彼以与此，然且仁者不为，况于杀人以求之乎。”（《孟子·告子下》）意思是不用战争而把彼国的土地拿给此国，仁者尚且不为，何况是用战争屠杀去求取得到呢？并说：“君子之事君也，务引其君以当道，志于仁而已。”（《孟子·告子下》）意思是君子的政治伦理责任在于侍奉君主之时有志于推行仁道，致力于引导君主，使其行事合于理、当于道。

三、修己安人

儒学本质上是为己之学与为人之学的辩证统一，这一点在其君子观上同样得到了充分展现。孔子的君子之学固然把有德有位的君子的修己置于重要地位，但是他认为君子修己的根本目的不仅是获得别人的尊敬，还要使他人和百姓得到安乐。

子路问君子。子曰：“修己以敬。”曰：“如斯而已乎？”曰：“修己以安人。”曰：“如斯而已乎？”曰：“修己以安百姓。修己以安百姓，尧舜其犹病诸！”（《论语·宪问》）

由依次递进的修己以敬、修己以安人和修己以安百姓三大内容所构成的君子之道，很好地诠释了君子利他主义的伦理情怀和担责意识，既现实又高远。加之天下之大、世道之繁，即便是尧、舜一样的圣贤也未必完全能够做得到治国平天下。

四、敬以直内

《周易》主张君子要用恭敬之心端正自己内在的思想观念，用道义规范自己外在的行为。“君子敬以直内，义以方外。”（《周易·坤卦·文言传》）然而，儒家不仅讲君子敬己，也讲君子敬事、敬人。子夏推崇的为政之道和君子之道就力主君子做事之前必须取得别人的信任。“君子信而后劳其民，未信，则以为厉己也；信而后谏，未信，则以为谤己也。”（《论语·子张》）意思是有位有德的君子，对下要役使百姓，首先必须取得他们的信任，否则他们就会以为是在虐待自己；对上要对君主进谏，首先应当获得他们的信任，否则他们就会认为是在诽谤自己。显而易见，无论是“信而后劳”，还是“信而后谏”，均显现了对他人人格、思想等的尊重、尊敬，这两者既是有效的协调人际关系的政治智慧，也是合理的处理自己与他人关系的政治责任和道德义务。

第二节 诚信君子

在儒家看来，不仅普通人要诚实守信，君子更应该讲求诚信伦理，表现出讷言敏行、口惠实至和能为可信的气度来。

一、讷言敏行

孔子特别强调君子的诚信伦理，认为一个君子应当少说多做："君子欲讷于言而敏于行。"（《论语·里仁》）在回答弟子子贡所问君子之道时，他断言做一个地道的君子理应在行动中兑现自己的诺言，等到做了之后再说出来，而不要只说不做。"先行其言而后从之。"（《论语·为政》）这意味着君子应当做一个讲信誉的人。孔子倡导的为政之道力主"正名"，主张德位一体的君子，一旦名位确定后，一定要说得出口。而说得出口就一定要做得出来，做到口实一致、言行合一，不能马马虎虎。"故君子名之必可言也，言之必可行也。君子于其言，无所苟而已矣。"（《论语·子路》）孔子更是强调君子应当以言过其行而感到羞耻。"君子耻其言而过其行"（《论语·宪问》）。

二、口惠实至

《礼记·表记》借孔子之言既讲述了儒家的仁义之道，又着重论述了君子的诚信品格，提出了"君子隐而显，不矜而庄，不厉而威，不言而信"（有德行的人虽然隐居林泉，但品德发扬，声名显著；不故作矜持而自然端庄，不故作严厉而自然令人生畏，不必讲话，却会得到人们的信任）、"君子不失足于人，不失色于人，不失口于人，是故君子貌足畏也，色足惮也，言足信也"（德行高尚的君子，对人的一举一动没有不得体的地方；对人的一颦一笑没有不合适的地方，对人的一言一语没有失礼的地方，所以君子的容貌足以令人生畏，脸色足以令人畏惧，讲话足以令人信服）、"是故君子恭俭以求役仁，信让以求役礼，不自尚其事，不自尊其身，俭于位而寡于欲，让于贤，卑己尊而人，小心而畏义，求以事君"（所以君子恭敬谦逊以求做到仁，诚信谦让以求做到礼；不自己夸耀自己做过的事，不自己抬高自己的身价；在地位面前表现出谦逊，在名利面前表现出淡泊，让于贤人；贬低自己而推崇别人，小心谨慎而唯恐不得其当，要求自己用这样的态度服侍君王）等观点。孔子更是告诫弟子“君子不以辞尽人”，“君子不以口誉人”，“君子不以色亲人”，并明确指出：“口惠而实不至，怨灾及其身。是故君子与其有诺责也，宁有已怨。”意思是如果嘴上许诺给别人好处而实际不兑现，必然给自己带来怨恨乃至灾祸。因此君子与其对人负有承诺的责任，还不如承受自己拒绝承诺造成的埋怨。

三、能为可信

荀子彰明了君子崇高的己他观，揭示了君子“能为可贵”“能为可信”“能为可用”等优秀品性。

士君子之所能不能为：君子能为可贵，不能使人必贵己；能为可信，不能使人必信己；能为可用，不能使人必用己。故君子耻不修，不耻见污；耻不信，不耻不见信；耻不能，不耻不见用。是以不诱于誉，不恐于诽，率道而行，端然正己，不为物倾侧：夫是之谓诚君子。（《荀子·非十二子》）

这段话中“耻不信，不耻不见信”，前一个“信”应为“信誉”或“信用”，后一个“信”应为“信任”或“相信”。在此，荀子从己他关系角度分别指明了三种能够做和不能够做的情形，展示了人际关系中社会主体的自主性和制约性。在他看来，与“贵己”和“用己”一样，别人是否“信己”，并不由自己做主，也不能强人所难，此乃对他人权利的尊重。但是，我却可以确立以不修、不信和不能为耻的羞耻观，也可以做到不被浮名所诱惑、不被诽谤所吓倒，还可以直道而行，进而端正自己。按照责任伦理学的“为”，“应然”出乎“实然”，“应当”来源于“是”。如此看来，荀子所说的“能为可信”也就内含着“应为可信”的道德责任。

第三节 谦谦君子

谈及君子，给人的印象必定是礼貌谦逊、行为文明的人，如同英国古代的绅士。儒家正是在此内涵上对君子做了解说，塑造了“谦谦君子”“淑人君子”的人格形象。

一、无争揖让

君子讲礼必定谦让，使自己成为“谦谦君子”（《周易·谦卦·象传》）。虽然任何社会、任何时代都充满竞争，但是孔子认为君子即便参与竞争也必须讲究礼仪，应当守规矩。“君子无所争。必也射乎！揖让而升，下而饮。其争也君子。”（《论语·八佾》）按照儒家一贯的重礼、尊礼的思想主旨，《礼记》提纲挈领地指出“君子恭敬撙节退让以明礼”（《曲礼》）。

二、文质彬彬

礼貌与文明息息相关，故此儒家特别推崇君子的“礼文”修养。孔子曾经明确要求“君子博学于文，约之以礼”（《论语·雍也》）。需要强调的是，孟子虽然也肯定君子要“中道而立”（《孟子·尽心上》），但他偏重于强调君子内在德性本质的修养而否定体现虚假恭敬感情的礼文的拘束。“恭敬而无实，君子不可虚拘。”（《孟子·尽心上》）而孔子则依据中庸之道十分注重君子内在的特质与外在的文饰的有机结合。他认为：“质胜文则野，文胜质则史。”因而主张应当在文与质之间保持中道、配合得当，以做一个文质彬彬的君子。“文质彬彬，然后君子。”（《论语·雍也》）与此相一致，《礼记》也要求君子讲究服饰、容貌、语言和品德，以实现内在德性与外在文饰的完美统一。“君子服其服，则文以君子之容；有其容，则文以君子之辞；遂其辞，则实以君子之德。”（《表记》）意思是君子穿上他们的衣服，还要用君子的仪容来修饰；有了君子的仪容，还要用君子合乎礼义的言辞来修饰；有了君子的言辞，还要用君子的德行来充实自己。

三、恭而有礼

大概受到孔子“恭而无礼则劳”（《论语·泰伯》）思想的影响，弟子子夏安慰司马耕说，一个君子只要为人处世做到“敬而无失，与人恭而有礼”，那么“四海之内，皆兄弟也”（《论语·颜渊》）。这表明君子应当对人既谦恭、尊敬，又有礼、近礼。论到聘射之礼之际，《礼记》阐明了君子在处理君臣、父子、长幼人际关系时坚持行动上极力推行礼节的风范。“日莫人倦，齐庄正齐，而不敢解惰，以成礼节，以正君臣，以亲父子，以和长幼。此众人之所难，而君子行之，故谓之有行。”（《聘义》）意思是天色已晚，人们都疲倦了，但仍神态端庄，班列整齐，不敢有丝毫懈怠，坚持完成各种应有的礼节。以此来使君臣正位，父子相亲，长幼和睦。这是一般人办不到的，而君子却能办得到，所以称君子为有行。

第四节　情义君子

情义无价。儒家认为一个真正的君子必须善于处理义利关系，必须坚守人间大义，必须重义轻利，做到有情有义。这样的人一般被称为情义君子。

一、义以为上

孔子着眼于社会治理视野，指出君子可以晓之以义，而小人只能晓之以利。“君子喻于义，小人喻于利。”（《论语·里仁》）同时，还从德行伦理学角度说：“君子之于天下也，无适也，无莫也，义之与比。”（《论语·里仁》）意思是君子对于天下的事，不承诺可以做与不可以做，只是依据道义来行事。由此表明，君子具有惟义是从的强烈道德责任担当。与此同时，孔子从行为伦理的角度要求君子以义作为一切行动的根本，把礼作为行义的节制性准则，用谦逊的语言表达正义，用忠诚的态度来完成自己承担的适宜的事务。“君子义以为质，礼以行之，孙以出之，信以成之。”（《论语·卫灵公》）进一步，孔子把义作为君子勇敢是否合理、是否带来秩序的重要尺度和约束条件，由此强调君子必须把道义置于重要地位。“君子义以为上，君子有勇而无义为乱，小人有勇而无义为盗。”（《论语·阳货》）他的弟子子路主张作为一个君子应当通过出仕为官来践履推行道义的历史使命。“君子之仕也，行其义也。”（《论语·微子》）既然君子是一位既具有仁义的内在品德又讲求诚信的人，这就表明他是一个有情有义的真君子，是一个可以信赖的、负责任的、可靠的人。当君子接受了别人的委托，就有责任兑现自己的诺言，不顾一切地做自己该做的事，即使是忍辱负重以至舍生取义也在所不惜。

二、皆适于义

孟子在齐国、宋国和薛国君王分别赠送馈金时，有时接受有时不接受，一切根据是否合义来决定，只要合义就都是对的。“皆是也。皆适于义也。”（《孟子·公孙丑下》）而且还以反问的方式不无感慨地指出哪有真正的君子会被人用金钱收买的道理。“焉有君子而可以货取乎？”（《孟子·公孙丑下》）这表明，一名真君子应当挺立起以义为重、义以为质、义以为上、见得思义的道义责任，而决不能见钱眼开、见利忘义，不然就会降格为伪君子、假道学。

三、重视道义

荀子虽然并不完全否定人对利的正当追求，但是他推崇的士君子“志意修则骄富贵，道义重则轻王公，内省而外物轻矣”（《荀子·修身》）。意思是志向远大就能傲视富贵之人，崇尚道义就会藐视王侯，自思无所愧疚就不会为外物所动。他遵循的人生准则是重义轻利，不与别人争权夺利，讲究的是心安理得、道义至上。“身劳而心安，为之；利少而义多，为之。”（《荀子·修身》）强烈的责任感驱使他不因贫穷困厄而放松对道义的追求。“故良农不为水旱不耕，良贾不为折阅不市，士君子不为贫穷怠乎道。”（《荀子·修身》）意思是所以好的农夫不会因为洪涝、干旱之灾而不耕田，好的商人不会因为亏损而不做生意，士君子不会因为贫穷而懈怠于道。

第五节　宽厚君子

《周易》创发了“地势坤，君子以厚德载物”（《周易·坤卦·象传》）的光辉命题，它从天道与人道合一的思维出发，塑造了华夏子孙博大、宽容的君子情怀。后世儒家一般性地揭示了忠恕之道，《大学》在论证治国在于齐家思想时提出了“君子有诸己而后求诸人，无诸己而后非诸人”的“絜矩之道”。儒家不但倡导所有人都应当涵养自己宽以待人的品格，而且尤为重视君子宽以待人、善待他人的忠恕之道。

一、不知不愠

对人宽容既是一种君子的优秀人生态度和高尚境界，也是一项君子对待他人的伦理责任，因此《论语》首章就提出了“人不知而不愠，不亦君子乎”（《论语·学而》）的道德情感。别人是否了解我、理解我，这不是自己所能左右得了的；要做到他人误解我，甚至冤枉我却不恼怒实非易事，大概只有具有宽容之心和博大胸怀的君子才能做得到。犹如朱熹所说：“不知而不愠者逆而难，故惟成德者能之。”（《论语集注》）当然，君子之所以能够做到“人不知而不愠”，之所以能够宽容别人，还在于孔子阐明的君子特别注重自我负责，更愿意从自身寻找不应恼怒的根源。这就是他所说的君子担心自己无能，而不担心别人不知道自己。“君子病无能焉，不病人之不己知也。”（《论语·卫灵公》）

二、求诸自己

孔子说："君子求诸己，小人求诸人。"（《论语·卫灵公》）这句话的字面意思是君子要求自己而小人总是要求别人，而其深层意旨则是君子遇到问题、出现差错时注重从自身找原因，体现了自我负责、自我担责的人生态度。而那些小人一旦出现差错、碰到挫折总是想方设法归结为别人的过错，力图撇清自己、推卸责任，缺乏自我承担的勇气和魄力。董仲舒依据"以仁安人，以义正我"，"仁之法，在爱人，不在爱我；义之法，在正我，不在正人。我不自正，虽能正人，弗与为义；人不被其爱，虽厚自爱，不予为仁"（仁的原则是爱人，不在爱护自己，义的原则是匡正自己，不在纠正别人。自己不匡正自己，即使能纠正别人，也不能算作义。别人没能接受你的爱，即使自爱有加，也不能算作仁），"爱在人，谓之仁；义在我，谓之义。仁主人，义主我也"（以仁爱之心对待他人叫作仁，以义理约束自我叫作义。仁是以别人为主，义是以自我为主）等思想观念构成的仁义法，以及"故自称其恶谓之情，称人之恶谓之贼；求诸己谓之厚，求诸人谓之薄；自责以备谓之明，责人以备谓之惑"（自己揭发自己的丑恶叫作情，揭发别人的丑恶叫作贼；对自己要求严格叫作厚，对别人要求严格叫作薄；对自己责求的周全详备叫作明，对别人责求的周全详备叫作惑）的己他观，主张君子必须坚持以仁治人、以义治我，做到像孔子所说的"攻其恶，无攻人之恶"（《论语·颜渊》），培育"躬自厚而薄责于人"（《论语·卫灵公》）的宽容精神。

三、宽以待人

《周易》创造性地提出了"君子以容民畜众"（《周易·师传》）的宽容理念。孔子弟子子张忠实地继承了这一君子观，指出："君子尊贤而容众，嘉善而矜不能。我之大贤与，于人何所不容？我之不贤与，人将拒我，如之何其拒人也？"（《论语·子张》）子张认为，假如我是一个贤人，那么对别人无疑要宽容；假如我不贤良，那么他人就会拒绝我，而且我自己也没有资格拒绝别人；出于此，君子就应当尊敬贤人、容纳众人，并且要学会赞美好人、怜悯能力差的人。说起君子宽以待人的品格，不能不提及荀子君子之学的独到见识。荀子崇奉的为人之道是君子能则宽容易直以开导人，不能则恭敬缚绌以畏事人；小人能则倨傲僻违以骄溢人，不能则妒嫉怨诽以倾覆人。

故曰："君子能则人荣学焉，不能则人乐告之；小人能则人贱学焉，不能则人羞告之。是君子小人之分也。”（《荀子·不苟》）意思是君子有才能，别人学习他也觉得光荣，没有才能，别人也会乐于告诉他应怎样做；小人有才能，别人学习他也觉得卑贱，没有才能，别人也耻于告诉他怎样做。这就是君子和小人的区别了。

故君子之度己则以绳，接人则用抴。度己以绳，故足以为天下法则矣；接人用抴，故能宽容，因众以成天下之大事矣。故君子贤而能容罢，知而能容愚，博而能容浅，粹而能容杂，夫是之谓兼术。（《荀子·非相》）

君子用墨线约束自己，因而完全可以成为天下人效法的楷模。君子用渡船似的胸怀接待别人，所以能够宽容人，并依靠众人而成就天下的大事。如此一来，君子能够海纳百川、兼容并蓄，不像小人那样自己无能就嫉妒人、有能就骄傲自满；君子自己贤能而能容纳无能的人，并且宽宏大量、平易正直且开导他人，如若自己无能，则恭敬、谦让且谨慎侍奉别人；君子聪明而能容纳愚昧的人，见闻广博而能容纳肤浅的人，心灵纯洁而能容纳品行驳杂的人。显而易见，荀子在此侧重于赞扬君子容人的心胸，而非颁布君子应当怎么做的义务成命，然而，荀子如此肯定君子的所作所为，必定意味着他对君子宽以待人、兼爱众人责任的大力倡导。即便对小人，朱熹也赞许可以而且应该给予宽容。根据现实政治经验，他认识到君子无害于小人，可小人常常对君子产生很大的伤害，“君子之于小人，未能及其毫毛；而小人之于君子，其祸常大”，因而强力主张要去掉小人，但是他也肯定君子应当宽恕小人，只是必须看正当不正当，千万不可过当。“圣人亦有容小人处，又是一截事。且当看正当处。”

四、赦人之过

《周易》云：“君子以赦过宥罪。”（《周易·解卦·象传》）君子并非十全十美，他也会犯错，但是他就像子贡所说的那样对自己的过错从不加掩饰，所以如果他改过，民众会一如既往地景仰他。“君子之过也，如日月之食焉。过也，人皆见之；更也，人皆仰之。”（《论语·子张》）反过来，对于别人的过失，君子总是基于关爱的角度给予宽容，而不是苛刻地追究其责任。

周公谓鲁公曰：“君子不施其亲，不使大臣怨乎不以，故旧无大故，则不弃也，无求备于一人。”（《论语·微子》）

周公对长子鲁公伯禽提出了三条做事的政治伦理：作为一个君子，第一，不要怠慢自己的亲族之人，不要让大臣埋怨不被任用、不被信任；第二，对自己的旧臣老友，如果他们没有很大的过失，就不要舍弃他们；第三，对任何人都不要求全责备。从不施罪于人到不使大臣埋怨，从不轻易遗弃故旧到不求备于人，无不体现了周公关于君子应当宽以待人的政治胸怀，而“故旧无大故，则不弃也”更是彰显了君子赦人之过和善待他人的良好气度。

第六节　中和君子

众所周知，儒家提倡贵和、重和的价值观，追求太和、乐和、政和、德和、人和、群和、中和等，而在处理人与人之间的关系时，儒家更是从人格理想的角度强调君子要注重推进人际和谐——贵和尚中。

一、和而不同

孔子指出：“君子和而不同，小人同而不和。”（《论语·子路》）儒家的和学倡导《礼记·礼运》篇中说的“大同”而反对小人的“小同”和墨家的“尚同”。所谓“和而不同”，意思是说君子注重从事物差异和矛盾中去把握统一和平衡，而小人则追求绝对的无原则同一、专一、单一，这就从道德人格角度说明孔子推崇的是那种包容、调和、和解的君子型人格。君子遵循的为人处世之道，是承认不同事物的差异，通过互济互补达到人与人之间的统一、和谐，这与人生境界不高的小人偏重于“同而不和”、取消不同事物的差异的专一处世态度形成鲜明对比。

二、和而不流

儒家有时“中”与“和”独立使用，有时则二者连用，构成了“中和之道”。儒家贵和尚中，它所倡导的中和，既指自然中和、政治中和，也指心性中和、人伦中和。《中庸》不仅提出了“致中和”，并且指明了“中”与“和”的因果关系。尤为重要的是，《中庸》在儒学史上开创性地上升到君子人格层面论说中庸之道。一方面，它从君子修道、慎独的思想逻辑上阐述了中和之道：“喜怒哀乐之未发，谓之中；发而皆中节，谓之和。中也者，天下之大本也；和也者，天下之达道也。致中和，天地位焉，万物育焉。”从而建构了君子的中和人格。另一方面，它记载了孔子从无过与不及的辩证理性角度提出的经典观点：“君子中庸，小人反中庸。君子之中庸也，君子而时中。小人之中庸也，小人而无忌惮也。”依此阐发了君子的中庸人格。《中庸》记载的孔子话语，从三个层面表达了君子与人相处的人生理念。其一是和而不流。在比较完南方人的坚强和北方人的坚强之后，孔子指出君子所欣赏的坚强品格是“和而不流”——与人和睦相处但绝不同流合污。其二是忠恕而行。孔子讲：“故君子以人治人，改而止。忠恕违道不远，施诸己而不愿，亦勿施于人。”君子虽然会尽到为人的责任，按照做人的道理去处理他人的过错，直到他改正为止，但也会履行人道的责任，依照体现中庸原则的忠恕之道，在自己身上都不愿意做的事情绝不会强加给他人。其三是不怨天尤人。孔子说：“君子无人而不自得焉。在上位不陵下；在下位，不援上；正己而不求于人则无怨。上不怨天，下不尤人。”君子无论处于什么情况下都是安然自得的。他处于上位，不去欺侮在下位的人，处于下位，不巴结在上位的人；君子注重责己，重视端正自己，从不苛求于人，并且对别人毫无怨言，做到上不怨天，下不尤人。

三、反对好斗

一个社会有失和谐，有时是由于一些人好斗引起的，因此，要维护社会的稳定、秩序、和谐，就必须遏制某些人的好斗之心，抵制不良分子的好斗行为，而作为具有崇高精神境界的理想型人格，君子对此更是义不容辞、责任重大。《礼记》主张君子不争。“君子尊让则不争，洁敬则不慢。不慢不争，则远于斗辨矣。”荀子则较为系统地分析了斗殴的不良后果、基本特性和主观原因。从后果来说，荀子认定斗殴会带来忘身、忘亲、忘君三大弊端。“斗者，忘其身者也，忘其亲者也，忘其君者也。行其少顷之怒，而丧终身之躯，然且为之，是忘其身也；家室立残，亲戚不免乎刑戮，然且为之，是忘其亲也；君上之所恶也，刑法之所大禁也，然且为之，是忘其君也。”（《荀子·荣辱》）从性质上来说，荀子指出斗殴表面智慧实则愚蠢，看似有利实则有害，名义上光荣实则可耻，自认安全实则危险。“将以为智邪？则愚莫大焉。将以为利邪？则害莫大焉。将以为荣邪？则辱莫大焉。将以为安邪？则危莫大焉。”（《荀子·荣辱》）从原因来说，荀子指明参与斗殴的人自以为别人是错的，自己是对的，自己是君子，别人是小人，从而导致以君子的身份与小人之间彼此互相残害。“己诚是也，人诚非也，则是己君子而人小人也，以君子与小人相贼害也。”（《荀子·荣辱》）这些从反面说明，荀子力主君子维护自己、亲人和君主的利益，防止互相伤害，时刻保持人与人之间和谐的气氛。

第七节 忠恕君子

儒家从多种维度确定了君子应当具有爱人、利人的优良品质。以这种品质为主要特色的人，人们一般称其为忠恕君子。

一、以孝悌为本

在孔子弟子有子看来，由于本立道生，因此君子必须专注于事情的根本，尤其要掌握孝悌这一行仁的根本，为履行仁爱他人的道德义务奠定实践基础。“君子务本，本立而道生。孝弟也者，其为仁之本与！”（《论语·学而》）不论是作为儒家伦理的核心要义“仁”，抑或是为仁爱奠基的“孝弟”，无一不彰显了君子利他主义的道德情怀。没有利他主义的道德情怀，就不能成为君子。

二、成人之美

《礼记》从君子治民的角度引述孔子的话借以表明君子舍己为人的道德价值取向：“君子贵人而贱己，先人而后己，则民作让，故称人之君曰‘君’，自称其君曰‘寡君’。”孟子强调大舜“善与人同，舍己从人，乐取于人以为善”（《孟子·公孙丑上》）。如此虽然体现了圣人的成人之道，却也指向君子之道，而孟子正是从尧、舜、禹等古圣先贤的与人为善事理中推出了“故君子莫大乎与人为善”（《孟子·公孙丑上》）的道德戒律。荀子阐发了“君子崇人之德，扬人之美”的向上向善美德。他说：“君子崇人之德，扬人之美，非谄谀也；正义直指，举人之过，非毁疵也；言己之光美，拟于舜、禹，参于天地，非夸诞也……以义变应，知当曲直故也。”（《荀子·不苟》）对于荀子而言，君子往往根据道义随机应变并决定事情的是非曲直，他推崇别人的德行，赞扬别人的优点，并不是为了献媚；他基于公正的议论直接指出他人的过错，并不是出自诽谤挑剔；他赞美自己并不是为了浮夸、欺骗。君子不论是扬人之善抑或是责人之过，均是出于正义、公心和良善的动机，是出于帮助他人自我完善、自我进步。

三、振民为民

儒家经常把为民爱民的社会主体定格为君子，《周易》提出了许多经典的君子为民爱民的思想。《周易》强调君子应当涵养自我德行，接济广大民众。“君子以振民育德。”（《周易·蛊卦·象传》）《周易》还指出君子对人民要无穷地教化、思念他们，持久地容纳、保护他们。“君子以教思无穷，容保民无疆。”（《周易·临卦·象传》）并且要求君子依据常德行动，致力于教化民众之事。“君子以常德行，习教事。”（《周易·坎卦·象传》）孟子的仁民说提出了“善政，不如善教之得民”的治道理念，阐发了君主和君子保民的政治责任，指出只要为民众谋福利、谋生存，那么虽劳不怨、死而无憾。“以佚道使民，虽劳不怨。以生道杀民，虽死不怨杀者。”（《孟子·尽心上》）不仅如此，孟子还揭明了君子的五种教民之道。“君子之所以教者五：有如时雨化之者，有成德者，有达财者，有答问者，有私淑艾者。”（《孟子·尽心上》）

王阳明主张人世间的君子应把不虑而知、不学而能、“无间于圣愚，天下古今之所同”的“良知”推及治国、治民和治天下的实践之中，做到“视人犹己，视国犹家”，而以天地万物为一体，“视民之饥溺犹己之饥溺”，关心“生民之困苦荼毒”。为此，他强调君子要把致良知作为自己的重要义务，主张“惟务致其良知”。

四、治国平天下

程颢和程颐指明：“当为国之时，既尽其防虑之道矣，而犹不免，则命也。苟唯致其命，安其然，则危塞险难无足以动其心者，行吾义而已，斯可谓之君子。”真正的君子治理国家时，如果竭尽一切心力还不能使之避免衰亡，那就只能听天由命；但是假如出于履行自己的责任需要“行吾义”，那么就应该像一个勇士一样“见危致命”（《论语·子张》），一切艰难险阻都无法动摇自己的心志，即便牺牲生命也在所不惜、处之泰然。

《大学》建构了修身、齐家、治国、平天下的君子责任体系，孟子凸显了君子修身、平天下的责任担当。孟子指出：“言近而指远者，善言也；守约而施博者，善道也。君子之言也，不下带而道存焉。君子之守，修其身而天下平。人病舍其田而芸人之田，所求于人者重，而所以自任者轻。”（《孟子·尽心下》）言语浅近而意义深刻的，为善言，虽然浅近，内涵却包含着大道；君子所守之道为善道，它体现了修身以使天下太平的宏伟理想。一些人的毛病在于放着自己的田地不好好耕种而去锄别人的地，要求他人负重而自己承担轻的。

舍己之田而芸人之田，表面上体现了舍己为人的利他主义精神，实际上，在孟子看来，这是放弃自己分内的本职工作。要知道，成人必须先成己，要想承担起平天下的重任就务必注重自我修身，只有提升自我的才德水平，才能为平定天下奠定良好的基石；一个名副其实的君子应当勇敢地肩负起修身平天下的重担，像孔子要求的那样“笃信好学，守死善道”（《论语·泰伯》），做一个“以平天下为己任”的敢作敢当的君子。“天下兴亡，匹夫有责。”既有德又有位的君子，是社会的道德精英和政治精英，更应该承担起平定天下的重任。力主精英治国的荀子，其君子观对此做了极好的诠释。

天地者，生之始也；礼义者，治之始也；君子者，礼义之始也；为之，贯之，积重之，致好之者，君子之始也。故天地生君子，君子理天地。君子者，天地之参也，万物之总也，民之父母也。无君子，则天地不理，礼义无统，上无君师，下无父子，夫是之谓至乱。（《荀子·王制》）

“治生乎君子，乱生乎小人。”上述引文表明，荀子通过天地、礼义和君子三者之间的关系梳理，深刻地阐明了君子治理天地的责任。天地是生命的本源，礼义是天下治理的本源，而君子是礼义的本源。既然天地创造了君子，那么为了使礼义变得有头绪、天下有秩序，治理礼义君子责无旁贷，而其中制作、贯通、积累、爱好礼义又是君子最原始的本分。

不可否认，荀子的“无君子则天地不理”观念存在过分夸大君子治理天下作用的嫌疑，带有较为浓厚的精英主义倾向。不过，它终归彰显了君子平定天下的责任指向。一方面，将安顿社会秩序的政治主体做了明白无误的表述，另一方面，也强化了君子在整顿世道方面的能力和责任。

“二程”把天下观与君子观相融通，同样凸显了君子关怀天下兴亡的强烈社会责任感。有为于天下是君子应当履行的责任的话，那么惟义所在就是君子的德性伦理，正如程颢和程颐所说：“君子有为于天下，惟义而已，不可则止，无苟为，亦无必为。”君子治理天下，没有什么或为和必为，一切遵循道义；如果不合乎道义，就不去做。如果说所作所为、治理天下的责任必当建立在深厚的道义德性基础之上。

第八节　做新时代君子

随着时代的变化，人们对君子的理解也会有所不同，但君子的要义却是长久鲜活的，毕竟经过了数千年的陶冶和积淀。所以，一个人只要决心成为君子，切实按照君子人格不断加强修养，都可以达到君子的境界，成为受人尊敬的君子。而当君子和想成为君子的人越来越多时，我们的社会将变得越来越美好。

现实社会是复杂的，社会上的人是各种各样的。在历代儒家的各种论述中，依据道德水平的高低，可将人分为四个层次：第一层次是圣贤，人伦之至，万世师表，虽不能至而心向往之，不过这样的人是很少的。第二层次是君子，以德修身，严于律己，关爱他人，受人尊敬，人们只要努力修养便可成为君子。这样的人越多越好。第三层次是众人，做人不突破底线，不损害他人，但不重涵养，难免有些不良积习，这样的人比较多。第四层次是小人，特别计较眼前私利，时常损害他人和公共利益，因缺乏德行而受到社会舆论的责备，但不至于严重违法。在小人之下还有罪人，但已不属于道德舆论评价的范畴，他们既缺乏德行又严重违法，如偷盗、抢劫、欺诈、绑架、杀人、作乱等，需要绳之以法，齐之以刑。

现代社会里的人首先是公民。这是与传统社会臣民相对等的概念。社会变了，臣民不复存在，变身为公民。公民在法律面前一律平等。那么，公民和人民有什么区别？主要有三点：一是公民是法律概念，人民是政治概念；二是公民包括全体社会成员，范围大于人民，人民仅包括除敌对分子和被依法剥夺政治权利的人群；三是公民指具有本国国籍的人，人民指赞成、拥护和参加社会主义建设事业的人。在现代社会，一个人享有宪法和法律规定的权利，同时必须履行宪法和法律规定的义务。在做好守法公民的基础上，我们倡树君子文化，旨在将传统君子与现代公民融合为一种新型的人格范式，从而实现传统君子道德的创造性转化和创新性发展。

辜鸿铭先生在《中国人的精神》一书中说："孔子全部的哲学体系和道德教诲可以归纳为一句，即'君子之道'。"儒家为什么把君子放在提升人们道德境界的关键位置上？显然是因为以圣贤标准作为要求，标准过高，与生活距离过远，不容易起作用，甚至会出现伪善，走向反面；以众人标准作为要求，又过低，缺乏激励作用。孔孟诸儒之所以大声呼唤有德君子，就是因为君子既寄托了中华道德理想，又是可以效仿的榜样，他就在人们面前不远的地方，只要好学力行便可以到达。儒家要推行道德教化以达到改造社会的目的，最可行的途径就是号召人们努力学做君子。

关于如何做新时代的君子，需要补充说明以下几点。

其一，儒家阐发的君子人格以仁、义、礼、智、信等内在德性为支撑，以外在德行和容貌为体现，可谓"合内外之道"。单就外在表现来说，犹如孔子讲述君子"为政之道"时所说的"君子正其衣冠，尊其瞻视，俨然人望而畏之"（《论语·尧曰》），又如《礼记·玉藻》中所描述的君子"足容重，手容恭，目容端，口容止，声容静，头容直，气容肃，立容德，色容庄"。这样的要求面面俱到，在现实中可以有所变通。但应该明确，做君子必须要内外兼修，仪容整洁、态度庄重，规范自己的言行，是首先应该做到的。

其二，儒家的君子人格不仅展现出崇高的德性与德行，同时还呈现出较高的智慧才能，体现了儒家一贯推崇的"仁且智"的品格和格局，由此成为才智君子。这正如孔子强调的"君子病无能焉"（《论语·卫灵公》）。"君子有九思：视思明，听思聪，色思温，貌思恭，言思忠，事思敬，疑思问，忿思难，见得思义。"（《论语·季氏》）选择人才的标准是德才兼备。人要解决工作、生活中的各种问题，要在某些方面对社会、对他人做出自己的贡献，必须尽可能多地掌握实际本领，至少具有一技之长，胜任工作，所以如果只想要做君子，而轻视、忽略学习具体的知识、技能，只会事与愿违。

其三，与君子相对应的概念是小人，与圣人相对应的概念是凡人（众人）。虽然儒家最为提倡“君子之道”，但它展现的精神境界总体上终归低于圣人。但由于圣人难得一见，即便被别人尊为“圣人”者往往也不承认自己是圣人（如孔子），所以君子成为一般人通过努力可以达到、受人尊重的做人标准。现代人极少有试图“超凡入圣”者，做君子仍是大多数人追求的目标，而以被视为小人为莫大的耻辱。但君子不是固定的标签。如果一个人因为被人们称为君子，甚至通过某种评选活动获得了“君子”称号，从此便放松了自我修养要求，而以“君子”自居，那他就不再是君子了。正如唐代吴兢在《贞观政要· 教戒太子诸王》中所说：“君子小人本无常，行善事则为君子，行恶事则为小人。”成为君子并长期保持君子形象是一个不断修炼提高的过程，必须终身持续努力。

其四，在过去的传统社会里，男尊女卑，所说的“君子”都是指男人。君子的“子”，本来就是对男性的尊称。现代社会男女平等，我们今天倡导君子之风，鼓励学做君子，当今的“君子”概念内涵和外延也必然发生变化，应该是男女一视同仁的。我们评选时代君子，也是男女都包括在内的。即不仅男性要努力学做君子，女性也同样需要努力学做君子。我们社会生活中许多先进模范人物，都是有男有女的。他们就是当代的君子。当然，男性和女性因生理和其他方面的若干差异，在具体作为、表现上会有一些差别，但在追求君子人格上则是一致的。

第四章
君子人格与职业素养

第一节　君子人格与职业素养的关系

职业素养是指职业人在长期实践中形成的专业基因，它既是行业要求的标准化表达，也是个体职业价值的核心载体，包含职业伦理、专业能力、行为范式、作风特质和意识系统等方面。职业素养是个很广泛的概念，专业是第一位的，但是除了专业，恪尽职守和德行是必不可缺的，体现到职场上的就是职业素养，体现在生活中的就是个人素质或者品行修养。职业素养是人类在社会活动和工作中需要遵守的行为规范。职业素养是行为习惯长期养成的必然结果，职业素养是内涵，个体行为是外在表象。君子文化的精髓在于“内心存仁”和“行为守礼”，它强调人与人之间的相互尊重与理解。这种价值体系强调个人的道德修养和自我管理，鼓励职场专业人士以学无止境的态度和反求诸己的精神来提升自身素质。君子人格与职业素养虽然源自不同的文化背景（前者源于儒家传统，后者源于现代职场规范），但二者在核心理念上高度契合，共同构成了个人在职业发展中的“软实力”。君子人格与职业素养密切相关，培养君子人格有助于提升个体的职业素养，具体体现在以下几个方面。

一、责任意识

具备君子人格的人在工作中更容易展现出责任感，愿意为团队和企业的目标付出努力。同时，君子的责任意识是中华传统文化中君子人格的核心要素之一。君子的责任意识具体表现在以下几个方面。

第一，对自我修养的要求。君子注重自我提升，通过学习和实践不断完善自身，以具备承担更大责任的能力。第二，对家庭和社会的责任。君子应积极履行家庭和社会责任，关心家庭成员，参与社会事务，为社会和谐稳定做出贡献。第三，对国家与民族的责任。君子要有家国情怀，在国家危难之时挺身而出，为国家和民族的利益而努力。第四，对天下苍生的责任。君子应具备仁爱之心，关心天下苍生的福祉，努力促进社会公平正义，为建设更美好的世界贡献力量。第五，对理想价值的坚守。君子应坚持崇高的理想和价值观，不随波逐流，以自身的实际行动影响和带动他人，共同追求真善美。

由此可见，君子的责任意识体现在自我完善、家庭和谐、社会贡献、家国情怀、仁爱天下及坚守理想等多个方面，这些构成了君子人格的重要内涵。

二、团队合作

君子人格强调人与人之间的和谐相处。君子的团队合作是建立在高尚道德和智慧基础上的协作模式，能够促进团队的协作精神，提高团队的整体绩效。君子团队合作的特点是以共同目标为导向，君子团队成员拥有共同的愿景和目标，大家心往一处想，劲往一处使，为实现目标而努力。君子的团队合作主要表现在以下几个方面。

第一，要相互尊重与信任。成员之间彼此尊重，信任对方的能力和品格，不搞小团体，不互相猜忌，营造和谐的工作氛围。第二，要积极沟通与协调。君子善于沟通，坦诚表达自己的想法，认真倾听他人的意见，通过有效的沟通协调解决分歧，达成共识。第三，要做到优势互补与协作。团队成员各有所长，能够发挥自己的优势，同时互相学习，弥补不足，共同提高团队的整体实力。第四，要做到责任共担与成果共享。在团队合作中，君子应勇于承担责任，不推诿，不逃避，共同面对困难和挑战。当取得成果时，大家共享荣誉和收益。第五，要做到公平公正与无私奉献。君子在团队中秉持公平、公正的原则，不偏袒任何一方，无私奉献自己的力量，为团队的利益着想。第六，要持续学习与成长。团队成员不断学习新知识，提升自己的能力，适应不断变化的环境，推动团队持续进步和发展。

总之，君子的团队合作是一种高境界的协作方式，强调道德修养、相互尊重、积极沟通、责任共担等，能够充分发挥团队的力量，实现共同的目标。

三、职业道德

君子人格要求个体在工作中保持诚信，遵守职业道德，树立良好的职业形象。君子的职业道德是中华传统文化中君子人格在职业领域的具体体现，包括以下几个方面。

1. 爱岗敬业

君子热爱自己的职业和岗位，对工作充满热情和责任感，尽职尽责，追求卓越，不断提升专业水平。

2. 诚实守信

在职业活动中，君子言行一致，信守承诺，不欺骗、不隐瞒，以诚信赢得他人的信任和尊重。

3. 公正无私

君子在处理职业事务时，秉持公正的原则，不偏袒任何一方，不受个人利益的影响，维护公平正义。

4. 服务群众

君子以服务群众为宗旨，关心他人的需求，积极为他人提供帮助和服务，实现个人价值与社会价值的统一。

5. 奉献社会

君子具有奉献精神，愿意为社会的发展和进步贡献自己的力量，不计较个人得失，追求更高的社会理想。

6. 终身学习

君子注重自我提升，不断学习新知识、新技能，提高自己的综合素质，以适应职业发展的需要。

7. 团队合作

君子在职业活动中，善于与他人合作，相互尊重、相互支持，共同完成工作任务，实现团队目标。

8. 创新精神

君子勇于创新，不断探索新的工作方法和思路，提高工作效率和质量，推动职业领域的发展。

总体来说，君子的职业道德是一种高尚的职业品质和行为准则，强调敬业、诚信、公正、服务、奉献、学习、合作和创新等，对于提升个人职业素养、促进职业发展和社会进步具有重要意义。

四、沟通协调

君子人格有助于提升个体的沟通能力，使其在工作中更容易与同事和上级建立良好的关系。君子的沟通协调是中华传统文化中君子人格在人际交往中的具体体现，具有以下鲜明的特点。

1. 以和为贵

君子在沟通中注重和谐，以和平、友好的态度与他人交流，避免冲突和争吵，营造融洽的氛围。

2. 尊重他人

君子尊重他人的观点和意见，认真倾听他人的想法，不随意打断或贬低他人，体现对他人的尊重和重视。

3. 诚实守信

在沟通中，君子言行一致，信守承诺，不欺骗、不隐瞒，以诚信赢得他人的信任和尊重。

4. 积极表达

君子能够清晰、准确地表达自己的观点和想法，不回避问题，不模棱两可，以便他人理解和接受。

5. 换位思考

君子在沟通中能够站在他人的角度思考问题，理解他人的感受和需求，寻求共同点和解决方案。

6. 求同存异

君子在沟通中尊重差异，不强求他人与自己一致，而是在求同存异的基础上寻求合作和共赢。

7. 善于倾听

君子善于倾听他人的意见和建议，虚心接受他人的批评和指导，不断改进自己的沟通方式。

8. 公平公正

君子在沟通协调中秉持公平公正的原则，不偏袒任何一方，公正地处理各种问题和矛盾。

9. 灵活应对

君子在沟通中能够根据具体情况灵活应对，调整自己的沟通策略和方法，以达到最佳的沟通效果。

总体上讲，君子的沟通协调是一种高水平的交往艺术，强调和谐、尊重、诚信、表达、换位思考、求同存异、倾听、公平公正和灵活应对等，对于提升个人人际关系水平、促进团队合作和社会和谐具有重要意义。

五、提升个人素养

通过培养君子人格，个体能够提升自身的道德修养和人际交往能力，从而更好地适应职场环境。君子提升个人素养是中华传统文化中君子人格的核心内容之一。以下是君子提升个人素养的方法。

1. 博学多识

君子不断学习新知识，拓宽视野，丰富自己的知识储备，以应对复杂多变的社会环境。

2. 自省自律

君子经常反思自己的行为，发现并改正错误，培养良好的道德品质和行为习惯。

3. 仁爱之心

君子以仁爱为本，关心他人，乐于助人，建立和谐的人际关系，促进社会和谐。

4. 坚韧不拔

面对困难和挑战，君子保持坚定的信念和顽强的毅力，努力克服困难，实现自己的目标。

5. 淡泊名利

君子追求内心的平静和精神的富足，不被物质利益所诱惑，保持高尚的道德情操。

6. 中庸之道

君子在处理问题时遵循中庸之道，把握适度原则，避免极端和偏激，实现和谐共处。

7. 诚实守信

君子言行一致，信守承诺，以诚信赢得他人的信任和尊重，树立良好的个人形象。

8. 担当责任

君子勇于承担责任，不推诿，不逃避，积极为社会和他人做出贡献。

9. 持续学习

君子不断学习，提升自己的能力和素质，适应社会的发展变化，实现个人价值。

君子提升个人素养是一个持续的过程，需要不断努力和实践，通过学习和修炼，成为具有高尚道德和卓越品质的人。

六、强化社会责任感

君子人格强调对社会的责任与贡献，有助于增强个体的社会责任感，推动社会和谐发展。强化社会责任感是中华传统文化中君子人格的重要体现。以下是君子强化社会责任感的方法。

1. 关注社会问题

君子应密切关注社会的发展变化，了解社会存在的问题和挑战，积极思考解决方案。

2. 参与公益事业

君子积极参与社会公益活动，为社会弱势群体提供帮助，推动社会公平和进步。

3. 倡导正义道德

君子以身作则，倡导正义和道德，引领社会风气，促进社会和谐稳定。

4. 担当社会责任

君子勇于承担社会责任，在国家和民族需要时挺身而出，为社会的发展做出贡献。

5. 培养公民意识

君子加强自身的公民意识，自觉履行公民的权利和义务，为社会的进步和发展贡献力量。

6. 推动社会创新

君子鼓励和支持创新，推动社会的发展和进步，为社会创造更多的价值。

7. 传承优秀文化

君子传承和弘扬中华优秀传统文化，增强民族文化自信，为社会的发展提供精神支持。

8. 践行绿色发展

君子倡导绿色生活方式，关注环境保护，推动社会的可持续发展。

总之，君子强化社会责任感是一个持续的过程，需要不断努力和实践，通过关注社会、参与公益、倡导正义、担当责任等方式，为社会的发展做出贡献。尤其是诚信为本、责任担当、守正创新的君子人格，不仅是个人修养的体现，也是职业素养的重要组成部分，有助于个体在职场中取得更好的发展。

第二节　诚信为本的君子人格

诚信，自古以来就是中华民族的传统美德，是为人处世的道德准则。在《说文解字》中，“诚”与“信”互训，诚即信，信即诚，二者意义相通，都是指诚实无欺、言而有信的行为。诚信不仅是一种个人品质，更是一种社会道德原则和规范，它贯穿于人们的日常生活、工作和学习之中，是构建和谐社会的重要基石。

诚，是儒家为人之道的中心思想，立身处世，当以诚信为本。宋代理学家朱熹认为：“诚者，真实无妄之谓。”“诚”是一种美德。古训有云：“诚即天道，天道酬诚。”言行须循天道，说真话，做实事，反对虚伪。

信，《说文解字》中提出“人言为信”。程颐认为：“以实之谓信。”可见，“信”不仅要求人们说话诚实可靠，切忌大话、空话、假话，而且要求做事也要诚实可靠。“信”的基本内涵也是信守诺言、言行一致、诚实不欺。

“诚”主要是从天道而言，“信”主要是从人道而言。故孟子曰：“诚者，天之道也；思诚者，人之道也。”“诚”本是自然固有之，效法天道、追求诚信，这是做人的道理、规律。二者在哲学上虽有区别，但从道德角度看，“诚”与“信”则是同义等值的概念，故许慎在《说文解字》云：“诚，信也。”“信，诚也。”基本含义都是诚实无欺，信守诺言，言行相符，表里如一，这是做人的基本要求。在一般意义上，“诚”即诚实诚恳，主要指主体真诚的内在道德品质；“信”即信用信任，主要指主体内诚的外化。“诚”更多地指“内诚于心”，“信”则侧重于“外信于人”。

“诚”与“信”一组合，就形成了一个内外兼备、具有丰富内涵的词汇，其基本含义是指诚实无欺，讲求信用。千百年来，诚信被中华民族视为自身的行为规范和道德修养，在基本字义的基础上形成了独具特色并具有丰富内涵的诚信观。

“诚”与“信”作为伦理规范和道德标准，在起初是分开使用的。孟子曰：“诚者，天之道也；思诚者，人之道也。”《中庸》中也说：“诚者天之道，诚之者人之道。”信的基本含义是指遵守承诺，言行一致，真实可信。最先将“诚”与“信”连在一起使用的是在《逸周书》中：“成年不尝，信诚匡助，以辅殖财。”“父子之间观其孝慈，兄弟之间观其友和，君臣之间观其忠愚，乡党之间观其信诚。”这里的“信诚”实际上表达的是“诚信”的意思。就是说，在一般意义上，诚信是指诚实不欺，讲求信用，强调人与人之间应该真诚相待。

一、诚信的内涵与价值

诚信，简而言之，就是诚实守信。它要求人们在交往中真诚待人、言行一致、信守承诺。诚信的内涵十分丰富，包括真诚、诚实、诚恳、守信、有信等多个方面。这些品质共同构成了诚信这一道德概念的完整体系。诚信的价值在于它是个人安身立命的法则，也是融入社会、成长成才的必要条件。一个人如果没有诚信，就会失去他人的信任和支持，难以在社会中立足。同时，诚信也是社会和谐稳定的黏合剂，能够促进人与人之间的互信和合作，维护社会的正常秩序。

二、诚信在历史文化中的传承

诚信理念在中国传统文化中有着深厚的根基。自古以来，许多先贤都强调诚信的重要性。孔子认为，“人而无信，不知其可也”，即一个人如果不讲信用，就不知道他还能做什么。孟子也说过，“诚者，天之道也；思诚者，人之道也”，强调诚信是天地间的自然法则，也是人类应该遵循的道德准则。在儒家伦理道德形成的过程中，“信”一直是伦理道德概念的渊源。荀子指出，“夫诚者，君子之所守也，而政事之本也”，将诚信视为君子应该坚守的品质和政治的根本。在《礼记·中庸》里，“诚”成为“礼”的核心范畴和人生的最高境界，具有诚笃的品德和态度被看作是贯通多种仁义道德、成己成人的关键。在当今社会，诚信的重要性更加凸显。市场经济本质上是契约经济，而契约的履行离不开诚信。企业诚信经营才能赢得消费者信赖，建立品牌声誉；个人诚信待人才能获得他人的尊重和信任，实现个人价值。

同时，诚信也是国家治理体系和治理能力现代化的重要内容。建立健全覆盖全社会的征信系统，强化对各类主体信用信息的记录、公开和使用，能够有力约束和规范各类行为，提高社会治理效能。

践行诚信理念需要从我做起、从现在做起、从小事做起。在日常生活中，我们要做到言而有信、行必果，不轻易许诺，但一旦许诺就要尽力兑现。在工作中，我们要坚持诚实守信的原则，不弄虚作假、不欺瞒他人。在学习中，我们要保持求真务实的态度，不抄袭、不作弊。

总之，诚信是立身处世之本，是构建和谐社会的重要基石。我们每个人都应该坚守诚信理念，用实际行动践行诚信价值，共同营造一个诚信、友善、和谐的社会氛围。

第三节 责任担当的君子人格

在当今社会，随着经济的发展，人们的价值观正逐渐受到挑战。一些人选择坚守道德修养，淡泊名利，追求成为更完美的自己；然而，也有一些人因利益的诱惑而迷失方向，踏入了精致利己主义的误区。面对这样的社会现状，尼采曾提出："在自己身上克服这个时代。"作为肩负着民族复兴重任的当代青年，我们更应该坚守浩然正气，积极弘扬君子之风。

2015 年 7 月 24 日，习近平总书记在致全国青联十二届全委会和全国学联二十六大的贺信中提到，士不可以不弘毅，任重而道远，国家的前途，民族的命运，人民的幸福，是当代中国青年必须和必将承担的重任。"士不可以不弘毅，任重而道远"出自《论语·泰伯》，意思是作为一个士人、一个君子，必须有宽广、坚韧的品质，因为自己责任重大，道路遥远。习近平总书记以此勉励广大青年，以实现中华民族伟大复兴为己任，不负时代，不负韶华，在担当中历练，在尽责中成长。

马克思主义责任观是指马克思主义所要求的作为行为主体的人在社会生活中认识责任和履行责任的态度和观点。"担当"是共产党人的优秀品质，也是职责和价值所在，其中蕴含深刻的马克思主义责任观。强调责任担当，就是时刻胸怀忧党、忧国、忧民的责任意识和担当精神，善于把远大目标、奋斗纲领同脚踏实地、埋头苦干紧密结合起来。一代青年有一代青年的历史际遇，同人民一起奋斗、前进、实现梦想，把个人理想和发展与国家的前途命运联系在一起，是当代青年责任感的体现。青年一代有理想、有本领、有担当，民族就有希望，国家就有光明未来。

君子人格体现的责任担当和习近平总书记强调内容的观点是一致的，我们的国家正在走向繁荣富强，我们的民族正在走向伟大复兴，我们的人民正在走向更加幸福美好的生活。新时代，青年人要砥砺前行，担当责任，奋发有为，志存高远，脚踏实地，为实现中华民族伟大复兴的中国梦贡献青年智慧、青年力量。

《论语》中的责任感体现在对个人、家庭、社会和学术等多个层面的担当。孔子认为，一个人要有所作为，首先要明确自己的责任，并勇于承担。

在个人层面，孔子提倡"内省"与"自省"，要求人们不断反思自己的言行是否符合道德规范，是否尽到了自己的责任。例如，孔子曾言："吾日三省吾身：为人谋而不忠乎？与朋友交而不信乎？传不习乎？"这句话便是对个人责任感的强调，提醒我们要时刻关注自己的行为是否符合道德规范，是否尽到了对他人和社会的责任。

在家庭层面，孔子强调孝道，认为子女应该尽到对父母的赡养和孝顺之责。在

《论语》中，孔子多次提到“孝”字，例如：“今之孝者，是谓能养。至于犬马，皆能有养；不敬，何以别乎？”这句话便强调了孝顺不仅仅是物质上的供养，更重要的是内心的尊敬和关爱。这种对家庭的责任感，是儒家文化中的重要组成部分，也是中国传统文化中一直倡导的价值观念。

在社会层面，孔子提倡“仁爱”之心，认为一个人应该关心他人、帮助他人，为社会做出贡献。在《论语》中，孔子说：“己所不欲，勿施于人。”这是对社会责任感的最好诠释。它告诉我们，在与人相处时，要尊重他人的感受和需求，不要将自己的意愿强加于人。同时，孔子还强调“君子务本，本立而道生”，这里的“本”可以理解为社会责任和担当精神，只有当我们明确了自己的社会责任并勇于承担时，才能在社会中立足并发挥自己的作用。

在学术层面，孔子认为一个人应该具备学术责任感，积极学习，不断提升自己的知识和能力。在《论语》中，孔子多次提到学习的重要性和对学问的追求。他认为学习不仅是为了自己个人的成长和发展，更是为了能够为社会做出更大的贡献。因此，孔子提倡“学而时习之”“温故而知新”等学习方法，鼓励人们不断追求学问、提升自己的能力。

在《论语》中，孔子及其弟子们所表现出的担当精神是显而易见的。他们不仅在自己的言行中体现了对责任的承担和担当精神，更在面对困难和挑战时表现出了坚定的信念和勇气。

首先，孔子及其弟子们具备坚定的信念和追求。他们坚信自己的道德观念和价值观念是正确的，并始终坚守自己的信仰。在面对困难和挑战时，他们从不退缩、从不放弃，而是勇往直前、坚定前行。这种坚定的信念和追求是担当精神的重要体现之一。

其次，孔子及其弟子们具备勇于承担责任的勇气。他们深知自己的责任重大、使命光荣，因此始终将自己的言行与道德规范保持一致，勇于承担自己应有的责任。在面对错误和过失时，他们不回避、不逃避，而是勇敢地面对并承担相应的后果。这种勇于承担责任的勇气是担当精神的又一重要体现。

最后，孔子及其弟子们具备为社会做出贡献的奉献精神。他们不仅关注自己的成长和发展，更关注社会的繁荣和进步。他们用自己的知识和能力为社会做出贡献，帮助他人解决问题、推动社会进步。这种为社会做出贡献的奉献精神是担当精神的最高境界。

由此可见，《论语》中的责任感与担当精神是儒家文化的重要组成部分，也是君子文化一直倡导的价值观念。在当今社会，我们同样需要这种责任感与担当精神来推动社会的进步和发展。我们应该时刻关注自己的行为是否符合道德规范、是否尽到了自己的责任；我们应该关心他人，帮助他人，为社会做出贡献；我们应该积极学习、提升自己的知识和能力、为社会的进步和发展做出自己的贡献。只有这样我们才能真正做到珍惜每一刻、活出真我，并成为一个有担当的人。

第四节　守正创新的君子人格

守正创新植根于马克思主义哲学的理论沃土，是马克思主义唯物论与辩证法的统一。“守正”语出《史记》，即“循法守正者见侮于世，奢溢僭差者谓之显荣”。《汉书·刘向传》云：“君子独处守正，不桡众枉。”这些论述都强调了“守正”是对正道的坚守。马克思主义中国化在传统与现代的交融中将传统文化中强调道德践履的“守正”进行创造性转化与创新性发展，并上升为新时代更好地坚持和发展中国特色社会主义的科学方法论。正如习近平总书记指出的，要坚守正道、追求真理，立足我国国情，放眼观察世界，不妄自菲薄，不人云亦云。从马克思主义哲学的高度看，“正”指的是事物的本质与存在、发展的规律，“守正”就是坚持实践第一，从客观事实出发，从事物存在、发展的客观规律出发，科学把握事物本质，自觉按规律办事。

“创新”语出南北朝时期魏收所著的《魏书》，“革弊创新者，先皇之志也”，是指国家治理制度的改革与更新。在马克思主义哲学看来，作为人类主观能动性的集中体现，创新并不是主观臆断，而是通过人类有意识、有目的、有计划的创造性思维活动和实践活动，遵循规律、超越现实，并在此基础上产出合规律性与合目的性相统一的真理性认识成果和创造性实践成果。

哲学意义上的守正与创新是一个辩证统一、不能偏废、不可分割的统一体。习近平总书记强调，“要坚持守正和创新相统一”。一方面，“守正”是“创新”的基础和前提，理论创新和实践创新都必须建立在历史发展规律之上，必须行进在历史正确方向之上，否则就会误入歧途、走上死路；另一方面，“创新”是守正的路径与目标，我们必须在理论上跟上时代，不断认识规律，推进理论创新、实践创新、制度创新、文化创新及其他各方面创新。君子的守正创新是中华传统文化中君子人格的重要体现，具体包括以下几个方面。

一、坚守正道

君子在思想和行为上坚守正道，遵循道德和原则，不偏离正确的轨道。守正，就要恪守正道、正本清源。要遵循规律，依法依规，正道而行、弘扬正气。对个人来讲，就是要做一个纯粹的人，做一个一身正气、光明磊落的人，做一个脱离低级趣味、有益于人民的人，做一个值得信任的人。守正，还要胸有大志、立志成才。燕雀永远不知道鸿鹄之志。立志做大事、成大业。守正，还要承担责任、坚守底线。干成事不出事，出彩不出丑。

二、勇于创新

君子在面对新情况和新问题时，勇于创新，敢于尝试新的方法和思路，推动事物的发展。所谓创新，就是要富于畅想。思想有多远，就能走多远。当然，畅想不是不切实际的空想，是建立在缜密思考之上的逻辑思维。一个人不成功，缺少的往往不是机会，而是缺少把握机会的勇气。守正与创新是辩证统一的。守正，创新才有明确方向；创新，守正才更富活力。要坚持在守正中创新，坚持在创新中守正。

三、传承文化

刘向在《说苑·修文》中说："君子修礼以立志，则贪欲之心不来；君子思礼以集身，则怠慢易之节不至；君子修礼以仁义，则忿争暴乱之辞远。"意思是君子学习礼而确立志向，贪欲之心就不会萌生；君子时时以礼修养自身，就不会发生怠慢、懒惰的问题；君子以仁义修养礼仪，就会远离忿恨、争夺、残暴、作乱的言辞。意味着君子在创新的同时，注重传承和弘扬中华优秀传统文化，保持文化的连续性和稳定性。

四、与时俱进

君子能够适应时代的发展变化，不断更新自己的知识和技能，保持与时俱进的精神状态。

守正与创新相辅相成，体现了变与不变、继承与发展、原则性与创造性的辩证统一。离开创新的守正，就会故步自封，变成封闭僵化；离开守正的创新，就会迷失方向，走向改旗易帜。所以，必须把握好守正与创新的辩证关系，守正是创新的前提和基础，创新是守正的目的和路径。只有守正，才能恪守正道、固本强基；只有创新，才能与时俱进，推陈出新。

五、实事求是

君子在守正创新的过程中，坚持实事求是的原则，从实际出发，寻求切实可行的解决方案。

解放思想是实事求是的基础和前提。没有思想的彻底解放，就做不到真正的实事求是。客观实际在不断发展变化，只有不断解放思想，才能跟上不断发展的时代、符合变化的实际，真正掌握事物发展的客观规律。实事求是是解放思想的目标和归宿。不以实事求是为归宿的解放思想，很可能流于空想，成为胡思乱想。两者是内在统一的，构成了马克思主义思想路线的不可分割的整体。与实事求是、解放思想相对应，“守正”是在“实事”里“求是”过程之中的鉴别和选择，“创新”是解放陈旧“思想”过程中的创造和发展，是“变”与“不变”的辩证统一。因此，守正创新是实事求是、解放思想的逻辑综合和超越。从“实事求是”到“守正创新”，是马克思主义基本原理同中国具体实际相结合、同时代特征相结合，特别是同中华优秀传统文化相结合的产物。只有坚持“实事求是”“解放思想”“守正创新”，党和国家的伟大事业才能继往开来，中华民族才能实现伟大复兴。

六、开放包容

文明的传承发展离不开对历史的持续反思。中华文明的连续性鲜明地体现于自先秦发端以来，历代哲学家面对各个时代的现实问题，以开放包容的心态，吸收和消化来自传统内部和异域文明的优秀成果，以“性与天道”为核心内容持续不断地融合各种文化资源，形成了儒、释、道、墨、法等诸学派源远流长的哲学传统。在古圣先贤的精思熟虑中，虽然各家各派在某一历史时期内会出现此消彼长的现象，但总体而言，学派传统延续至今，未有中断。君子在创新中保持开放的心态，包容不同的观点和意见，吸收借鉴他人的优点和长处。

君子文化的历史逻辑脉络更能体现中华文明的创新性和包容性。先秦诸家哲学是先贤挣脱蒙昧、在文化的自我意识上呈现最具创发性的阶段，从根本上奠定了整个君子文化的基础。

君子文化体现中华文明的创新性和包容性，也在清末民初西学东渐的过程中得以昭示。中国历史发展至清末，在各个方面都陷入停滞落后境地，但哲学文化领域却每每率先突破，从而引领思想解放和观念创新。一方面，对外国哲学方法论和概念体系的吸收与消化推动君子文化从注疏解释学向逻辑的概念分析和推理论证的解释学转变，从而促进了中国哲学的义理创新及其与世界哲学的对话；另一方面，中国哲学的经学和注疏考据传统并没有失传，而是一代代传承下来，保证了君子文化的连续性。与此同时，海外汉学对君子文化的研究经历了从以汉学为手段而以传教为目的到对中国哲学的同情性理解，再到就中国哲学论中国哲学甚至以中国哲学反观西方哲学弊端的逻辑演进历程。海外汉学中国哲学研究为君子文化的创新性和包容性提供了世界舞台，使中国哲学加速走向世界。我们需要关注海外汉学中国哲学研究最新进展，以为中国哲学在世界舞台上展现创新包容的新姿态寻求更为广阔的可能性。

近年来，海外汉学家运用西方本土哲学提供的方法论、概念体系和问题意识，在君子文化中寻求针对西方现代性弊病和社会问题的有效药方。他们认为中国古人将家庭伦理视为优先考虑的头等价值，个人必须在家庭伦理关系中获得具体的角色定位，才能具备某种特定的人格并获得个体价值，也才能体现生命的意义。

正所谓“他山之石，可以攻玉”。如果说重视君子文化的连续性与统一性是“守正”，那么坚持思想上的开放包容、兼收并蓄，才是实现真正“创新”的必由之路。“创新”的关键在于“转”“化”。“转”是指以现代性转变传统。凡是传统中不合宜于现代性的内容，都需要尽可能地在当前的研究中加以创造性地转变，使之成为适合中国式现代化的内容，此即“与时偕行”。“化”是指用现代性去“化”传统。其中，蕴含着传承与发展的辩证关系。也就是说，用现代性去“化”传统，并不是将传统就此“化”掉，而是在传统与现代之间实现某种融会贯通，即要发扬“守正不守旧，尊古不复古的进取精神”。

七、持续学习

荀子在《劝学》开篇即提出明确的主张：“君子曰：学不可以已。”将学习设置为全篇甚至全书的第一个问题，这与荀子的人性观紧密相关。他认为，人的本性是“恶”的，必须通过学习来完善。学习，也就成为人成就自己、利用自然界造福于人的根本方法。“学习，不可以停止”，这是荀子治学之道的核心观点。荀子以一系列例子来说明持续学习的价值。“青，取之于蓝，而青于蓝；冰，水为之，而寒于水。”持续学习可以使一个资质普通的人突破原本的起点。人们也从此便用“青出于蓝而胜于蓝”的比喻赞叹那些实现极大超越或比师长更优秀的人。“木直中绳，輮以为轮，其曲中规。虽有槁暴，不复挺者，輮使之然也。”天然形态的木材，经过“輮”的加工，也可以成为形态合理、大有用处的工具。同理，各种各样的人，经过学习，就可以真正进入和适应社会，发挥自身的潜能与才干。荀子以比喻说明了学习对人的塑造作用，而后引出结论：“故木受绳则直，金就砺则利，君子博学而日参省乎己，则知明而行无过矣。”君子想要明智、清醒、行为没有过错，就要像木头、金属受到加工一样，广博地学习，并每天反思、觉察自己。“终身学习”的主张，由此得到了明确的理由。以积累、聚焦为学习原则，“积土成山，风雨兴焉；积水成渊，蛟龙生焉；积善成德，而神明自得，圣心备焉”。对荀子来说，“积”是学习的根本原则。“风雨”“蛟龙”“神明”“圣心”这些恢宏、瑰丽的意象与超越性的境界，都是从最平凡的“积”中得来的。这里的学习其实已经超越了智识的增加，完善的是人的整体境界。“故不积跬步，无以至千里；不积小流，无以成江海。”从“跬步”“小流”出发，人就可以达到千里之远的地方，成就江海的浩瀚与辽阔。积累固然是最重要的，但漫无目的会分散积累的力量。只有用心专一，才能聚焦积累的力量，保障其方向。所以，荀子提出学习的另一原则“用心一也”，并以蚯蚓和螃蟹为例来说明该原则。“蚓无爪牙之利，筋骨之强”，却能“上食埃土，下饮黄泉”。“蟹六跪而二螯”，却“非蛇鳝之穴无可寄托”。蚯蚓与螃蟹虽然力量对比悬殊，但各自努力的成效却因“用心”而大不同。哪怕再柔弱的人，聚焦自己的精神与力量，未必得不到好的结果。用心专一，是每个学习者积累时必须注意的方向性原则。

针对学习的具体环节和方式方法，荀子给出了一系列答案。第一，研读经典。学习最重要的内容便是研读经典。在他看来，《诗》《书》等经典包含着天地间的学问、秩序与和谐，是天地大德最纯粹、最完全的显现。在对经典的终身研读中，普通的士人自身也能渐渐转变为圣人。第二，用心体会。“君子之学也，入乎耳，箸乎心，布乎四体，形乎动静。”读经典不能只用眼睛去读，更要铭记于心，让经典贯通于身体，于动静之间无不践行经典。“古之学者为己，今之学者为人。君子之学也，以美其身；小人之学也，以为禽犊。”经典不应成为夸耀与取悦的谈资。对经典的浸透式学习，是为了真正地滋养身心、自我成长。第三，亲近君子。“学莫便乎近其人”，学习最便捷的方式就是亲近贤者。经典离人终究有些距离，而君子的言行，不仅可以教给自己崇高的道理，还可以在生活中展示道理的应用。第四，看重礼制。“不隆礼，虽察辩，散儒也。”荀子认为，对道理的学习最终要落实在看重礼制上。否则，士人的觉察与思辨就仍停留在个人的世界里，不能真正进入社会发挥作用。第五，交流有方。“故礼恭，而后可与言道之方；辞顺，而后可与言道之理；色从而后可与言道之致。”学习除了个人的阅读、思考、实践，还有与人的交流。为了使交流更加有效，也为了自己不被引入歧途，交流对象的选择就非常重要。谦逊有礼的人，才值得与之探讨道的宗旨。言辞和顺的人，才值得与之探讨道的义理。以诚恳的状态倾听的人，才值得与之交流道的精微之处。

荀子一步步地说明了学习中的具体环节和方式方法，提示了易入歧途的风险，将学习落实为一种可操作的事。君子不断学习新知识，提升自己的能力和素质，为守正创新提供源源不断的动力。

八、团队合作

君子在团队中积极合作，与团队成员共同探讨和实践守正创新，实现共同的目标。君子的团队合作是中华传统文化中君子人格的重要体现，也是现代社会发展的重要要求。以下是君子团队合作的具体表现：一是有共同目标，君子在团队中明确共同的目标，并为之努力，确保团队成员的努力方向一致。二是相互尊重，君子尊重团队中的每个成员，认可他们的贡献和价值，建立和谐的人际关系。三是开放沟通，君子在团队中保持开放的沟通态度，坦诚地分享信息和想法，促进团队成员之间的理解和信任。四是积极合作，君子在团队中积极合作，与团队其他成员共同探讨和实践，实现共同的目标。五是优势互补，君子在团队中发挥自己的优势，同时弥补他人的不足，共同提升团队的整体能力。六是承担责任，君子在团队中勇于承担责任，不推诿，确保团队任务的顺利完成。七是灵活适应，君子在团队中能够适应不同的角色和任务，灵活调整自己的行为，以符合团队的需要。八是引领示范，君子以身作则，以自己的行为影响和带动他人，成为团队合作的楷模和榜样。

总之，君子的团队合作是一个持续的过程，需要不断努力和实践，通过共同目标、相互尊重、开放沟通等方式，为社会的发展做出贡献。

第五章
校园生活中的君子修为

第一节　君子人格的力量

君子品行在中国传承几千年，成为中国文化的基本要素，儒家塑造的君子人格理想对中国文化、对中国人的基本价值观、对中华民族的民族精神的形成产生极为深刻的影响，已经成为人们辨是非、论善恶的基本依据。君子人格在现代社会中发挥着榜样的作用。弘扬君子人格，对提升公民道德水平、改善社会风气、弘扬社会主义核心价值观、实现中华民族伟大复兴的中国梦都具有重要的时代价值。君子人格的力量体现在道德引领、精神激励和社会发展等方面。

一、崇尚道德引领

模范道德彰显人性光芒。弘扬君子人格，坚守君子的道德底线，引领社会向善向上的风气和践行社会主义核心价值观，能为实现中华民族的伟大复兴提供有力的道德支撑。

提升公民道德素质。仁德是君子人格的核心，是做人的根本。君子人格强调修身立德，把仁、义、礼、智、信等作为道德规范，为当代人提供了明确的道德准则和行为规范。在实现中国梦的征程中，人们面临着各种诱惑和道德困境，以君子人格为指引，可以帮助人们坚守道德底线，培养诚信、友善、敬业、爱国的价值观，为社会营造良好的道德氛围。

促进社会道德风尚建设。君子的仁爱之心、正义之举、礼仪之范等，能够起到关心他人、关爱社会的引领作用。在市场经济条件下，诚信是经济活动的基石，也是社会秩序的基础。弘扬君子人格，强化诚信意识，可以减少欺诈行为，提高市场效率，提高社会信用水平，增进彼此的信任和理解，和谐稳定的社会环境是实现中国梦的重要保障。

增强社会的凝聚力和向心力。君子人格倡导以和为贵、宽容大度，注重人际关系的和谐。在当代社会，人们之间的竞争日益激烈，人际关系也变得更加复杂。当人们以君子的风范处理人际关系时，可以培养人们的包容心、同理心，学会尊重他人、理解他人，从而减少冲突和矛盾，建立和谐的人际关系，形成团结互助、和谐共处的社会局面，增强社会的凝聚力和向心力。

提高人们应对挫折和困难的能力。君子注重修身养性，追求内心的宁静与和谐。这种对自我完善的追求，有助于人们在快节奏、高压力的生活中保持良好的心态，增强心理韧性，提高应对挫折和困难的能力。

二、培养精神激励

《周易》曰："天行健，君子以自强不息。"在当今社会，自强不息的精神激励我们在竞争激烈的社会中，保持积极进取的心态，不畏困难，勇于挑战自我。

激发奋斗精神。君子具有坚韧不拔的意志和奋发向上的精神。弘扬君子人格可以激励人们勇于面对困难和挑战，不畏艰难险阻，能够在困难和挫折面前保持冷静和乐观，为实现自己的梦想和国家的发展目标而不懈努力。实现伟大的中国梦，全面建设社会主义现代化国家，是一项伟大而艰巨的事业。当前，世界百年未有之大变局加速演进，我国发展进入战略机遇和风险挑战并存、不确定因素增多的时期。君子自强不息的精神能使我们做到居安思危，经受风高浪急甚至惊涛骇浪的重大考验。

培养创新意识。君子不墨守成规，具有开拓创新的精神。自强不息的人追求卓越，他们不满足于平庸，不断挑战自己。在当今时代，创新是推动社会发展的核心动力，实现中国梦需要不断创新。弘扬君子人格可以激发人们的创新思维和创造力，鼓励人们敢于突破传统观念和思维定式，勇于探索新的领域和方法，敢于迎接新的挑战，为实现中国梦提供强大的创新动力。

弘扬担当精神。儒家文化作为中国传统文化的主体，蕴含着博大精深的担当思想。周公劝诫"敬德保民"、孔子主张"当仁不让"、孟子期许"舍我其谁"、荀子倡言"人定胜天"……君子志在担当，忧乐天下，是儒家脉动的"道统"。《周易》曰："地势坤，君子以厚德载物。"坤德就是一种担当精神。在当今社会主义现代化建设的新征程中，担当精神就是坚持原则、认真负责，面对大是大非敢于亮剑，面对矛盾敢于迎难而上，面对危机敢于挺身而出，面对失误敢于承担责任，面对歪风邪气敢于坚决斗争的精神。

三、促进社会发展

社会发展价值，是指社会发展的目的、实质、基本取向，是发展主体的根本利益、社会理想与发展的客观规律、客观条件的统一。

推动社会公平正义。君子人格对社会发展的首要价值就是推动社会的公平正义。有君子人格的人能秉持正义，敢于为弱势群体发声，维护社会公平。君子的公正无私可以促进法治社会的建设。君子人格所倡导的公正、廉洁等价值观与法治精神相契合，有助于提高人们的法律意识，推动法治社会的发展。君子的仁爱之心、正义之举、礼仪之范等，推动公益事业发展，为弱势群体提供帮助，促进社会公平正义。

提升社会治理水平。君子人格对社会治理具有积极的促进作用。一方面，具有君子人格的领导干部能够以身作则，廉洁奉公，全心全意为人民服务，提高政府的公信力和执行力。另一方面，公民具备君子人格，能够自觉遵守法律法规，积极参与社会治理，形成共建、共治、共享的社会治理格局。在现代社会，弘扬君子人格有助于提升整个社会的文明程度，促进社会的进步和发展。

提升国家文化软实力。文化软实力是国家综合实力的重要组成部分，实现中国梦需要不断提升国家的文化软实力。培养具有君子人格的人才，可以提高国民素质，为社会的发展提供智力支持。在国际交往中，弘扬君子人格可以展示中国文化的魅力和中国人民的良好形象，增强国家的文化影响力和国际话语权。

为实现中国梦增添文化底蕴。中国梦的实现离不开对传统文化的继承和创新。通过弘扬君子人格，可以将传统文化中的智慧和力量融入现代社会建设中，为中国梦的实现提供深厚的文化底蕴。

综上所述，君子人格的力量在现代社会中依然具有重要价值，对提升道德水平、激发精神动力、促进社会发展等方面都有着积极的影响。

第二节　当代君子人格养成的实践之路

君子人格的教育与培养，是先秦儒家的一个核心问题。培养君子的人格，需要一个人用终身的实践去完成，通过一定的社会成本来实现。

《周易》在中国传统文化中具有特殊的地位，儒家将其列为群经之首。《周易》认为，君子不是天生的君子，圣人或贤人也不是天生的圣人或贤人。圣人、贤人或君子都是通过主体人的长期修养而实现的。

《周易》强调君子之德，君子应效法天之健动而自强不息，君子应效法大地的含藏博大而厚德载物。山下出泉水，必百折不挠地向下流动，君子效此而果断地决定自己的行动来培育美德。雷起之处必有风行，象征“恒相随从”，君子效此树立持之以恒的精神。光明出现在地平线上，君子效此自我发扬坦荡光明的美德。山下有深泽，象征“减损”，君子效此除去忿怒之情，堵塞邪欲。风雷交动，象征“增益”，君子效此见善则迁，有过则改。雷声连连响起，象征“震”，君子效此闻雷声惶恐的心理，畏惧天命、反省自己的过失以修身养德。

《周易》强调在实践中学习，要求君子将成就道德作为自己的目的，在每天的行动中体现出来。君子应该做到以仁心作本体，以为人尊敬；以优雅的举止，来行礼仪之道；以物利人，来符合“义”之精神；以正固的节操，来办好事务。

礼乐社会靠什么支撑起来？孔子认为是靠君子。如果没有君子，就缺少人格的基本观点，缺少过渡的桥梁，缺少实践者、评判者和监督者，无论是礼还是乐，都缺少执掌者和引领者。因此，孔子把君子人格的养成，看成是他的社会思想的核心构建。

培养君子的人格，首先要正心、持善和谦谨。“所谓修身在正心者，身有所忿怒则不得其正，有所恐惧则不得其正。”正心是修身的发端，心正才能产生修养品性的愿望。君子修身的基础就是从人的本性出发，不做逆于良心、悖于道德的事，同时也不因施加的外力而使正心的意志受到干扰，还要一以贯之，持之以恒。对于优秀品质的保有，一旦获得便不轻易离身，否则，君子就感到羞耻。

《礼记》总结君子有五耻，即：“居其位，无其言，君子耻之；有其言，无其行，君子耻之；既得之而又失之，君子耻之；地有余而民不足，君子耻之；众寡均而倍焉，君子耻之。”

“君子敦善行而不怠”，善是人的品行中应保有的底色，做人行事莫不以善为根本。不管是个人独处，还是公众场合，君子始终对善坚守如一。

君子应理智、诚心、正义，发自内心地谦虚。君子能够以审慎的态度对待自己，无情地鞭挞内心不守君子之道的欲望，通过深刻的反省，渐渐达到在诱惑面前可以淡定自守的境界。君子不争名逐利，不追求浮华人生，即所谓身正为范。“君子不自大其事，不自尚其功，以求处情，过行弗卒，以求处厚，彰人之善而美人之功，以求下贤。”《礼记》认为，“君子言必虑其所忠，而行必稽其所蔽”为的是“则民谨于言而慎于行”。君子一方面警惕祸从口出，另一方面慎重自己的影响，秉正社会风气。

慎独是修身成败的关键，是君子对于道德的高度自觉，也是对善的内在约束和根本要求，在任何时候、任何情况下君子都应把它作为道德要求去遵守。君子不是唯诺之人，但君子却是懂得分寸、重言之士，懂得只有先修养好自身才容易获得客观的效果。所以君子注重以身作则，“其身正，不令而行；其身不正，虽令不从”，谨慎是君子用来自我约束的手段。

君子远色、正义和兼利。食色，性也。自古英雄难过美人关，色欲更能考验君子的风度。《礼记》中直接谈论色的并不多，但通过礼仪间接规范的却不少。《内则》中有：“男女不杂坐，不同椸枷，不同巾栉，不亲授。男不言内，女不言外。非祭非丧，不相授器……道路，男子由右，女子由左。”

儒家要求君子“见利不忘义”，“私惠不归德，君子不自留”。君子只取自己该取的部分。君子在面对利与义时要有清廉、坦达之心，有高度的自治精神，不在物欲面前折节，但也不为保全所谓的名誉而压制对物欲的需求。在正确的价值观指导下君子得之淡然，失之坦然。

君子把孝作为立身之本。孝为中华传统文化的重要内容，也是中国文化家国同构模式的一个重要纽带。君子是社会的楷模，理所当然地也应成为孝的榜样。如此，好似把孝提到君子高度，才能发挥得淋漓尽致，其实孝是中华民族人格最基本的修养之一。

传统文化尚诚，孝应该发自内心的真情实感。“小人皆能养其亲，君子不敬何以辨？”《祭义》中有这样的阐释：君子反思远古，追怀本始，不忘自己生命的由来，所以要表达敬意，抒发挚情，竭力做事，来报答生育自己的尊亲，不敢不尽心竭力。孝，源于家庭内部，是家庭和睦的无形支柱之一。《大学》认为：“所谓治国必先治其家，其家不可教而教人者，无之。”“一家仁，一国兴仁；一家让，一国兴让。”这也是要求君子要治国必先齐其家的原因，家的重要，可以显见。

君子在完成自我修养的同时，还需要走向社会去实现人生价值。这就是辅佐君王谋划天下或入仕为官奉献才华，用自己深厚的修养来育化万民，以实现社会和谐。孔子曰：“古之为政，爱人为大。”“大爱不亲，弗敬不正。爱与敬，其政之本与！”君子为政，时时从检讨自己出发，不推诿责任，尽量避免做有伤民意的事。“德辉动乎内，而民莫不承德”，“故为政在人”，说到底，为官应是为百姓谋福利，只有这样为政才能聚民心、凝民力，从而得到百姓的拥护。尊重该尊重的，慈爱该慈爱的，以礼遇的精神待民，则民必报之以重礼。这种仁爱精神关键取决于统治者自身，要求君主具备君子的修养。

孔子对君子人格的构建，将传统的贵族式的利己主义的“君子”转化为利他主义的“君子”。君子的“立人”“达人”“安人”“成人之美”，甚至“杀身成仁”等都说明孔子的“君子之学”是一种如何使自己吃亏的学问。

第三节　中职学校开展君子文化教育的必要性

在中职学校开展君子文化教育具有重要的现实意义和长远价值。中职学生正处于人格塑造和职业素养养成的关键阶段，君子文化所倡导的道德修养、行为规范、职业操守和社会责任感，能够有效弥补当前职业教育中人文素养教育的不足，助力培养德技并修的高素质技术技能人才。中职学校开展君子文化教育具有必要性，主要体现在以下几个方面。

一、从学生个人成长角度

1. 塑造良好品德

中职学生年龄多在15～18岁，三观尚未完全定型，易受社会不良风气影响（如功利主义、浮躁心态)。君子文化中的“仁爱”“诚信”“克己”等理念，能帮助他们树立正确的价值导向，培养诚信、友善、尊重他人等良好品德，提升个人的道德修养。

2. 培养积极心态

部分中职学生因学历而自卑或学习挫折感较强，君子文化倡导“自强不息”“厚德载物”等精神，有助于中职学生在面对学习和生活中的困难与挫折时，保持积极乐观的心态，勇于克服困难，不轻易放弃，培养坚韧不拔的意志品质，增强其自信心与抗压能力。

3. 提升综合素质

中职教育以技能培养为主，但企业更看重员工的责任心、团队协作能力和职业道德。《中国职业教育发展报告》指出，全国 80%企业将“职业品德”列为招聘首要条件。君子文化中的“敬业乐群”“义利兼顾”思想可直接对接职场需求。君子文化注重全面发展，包括知识、品德、技能等。中职学校开展君子文化教育，可引导学生不仅关注专业技能的学习，还注重自身文化素养、艺术修养等方面的提升，促进学生的全面发展，提高综合素质。

二、从职业教育目标角度

1. 培养高素质技术技能人才

中职教育的目标是培养高素质技术技能人才。君子文化所倡导的敬业、诚信、创新等精神，与职业教育对人才的要求高度契合。开展君子文化教育，有助于培养学生的职业道德和职业素养，使他们成为具有工匠精神和创新精神的高素质技术技能人才。

2. 增强学生职业竞争力

在当今社会，职业竞争日益激烈。具备君子文化素养的学生，在工作中往往能够更好地与他人合作，遵守职业道德规范，展现出良好的职业形象和职业素养，从而在就业市场中更具竞争力，更容易获得职业发展机会。

三、从社会需求角度

1. 传承和弘扬传统文化

君子文化是中华优秀传统文化的重要组成部分，开展君子文化教育，有助于中职学生了解和传承中华民族的优秀传统文化，增强文化自信，使传统文化在现代社会中得到传承和发展。

2. 促进社会和谐发展

君子文化强调“和而不同”“和谐共生”等理念，开展君子文化教育，有助于培养学生的社会责任感和团队合作精神，使他们在社会生活中能够与他人和谐相处，为社会的和谐发展做出贡献。

四、从中职教育发展角度

1. 丰富教育内涵

中职教育不仅要注重学生专业技能的培养，还要注重学生综合素质的提升。开展君子文化教育，可以丰富中职教育的内涵，使中职教育更加全面、更加符合时代发展的要求。

2. 提升教育质量

君子文化教育可以为中职教育提供新的教育理念和方法，有助于提高中职教育的质量和水平，培养出更多符合社会需求的高素质人才，提升中职教育的社会认可度和影响力。

第四节　中职学校开展君子文化教育的可行性

在中职学校开展君子文化教育具有较高的可行性，主要体现在以下几个方面。

一、从政策支持角度

国家高度重视职业教育和传统文化的传承发展，出台了一系列相关政策文件，如《关于实施中华优秀传统文化传承发展工程的意见》《中华经典诵读工程实施方案》等，为中职学校开展君子文化教育提供了政策支持和指导，鼓励学校将传统文化教育融入教育教学全过程。

二、从学校资源角度

1. 师资力量

中职学校拥有一批专业教师，他们不仅具备专业知识和教学技能，还具有较高的文化素养和道德水平。学校可以通过组织教师培训、开展教研活动等方式，提升教师对君子文化教育的认识和教学能力，为君子文化教育的开展提供师资保障。

2. 课程体系

中职学校的课程设置具有灵活性和多样性，除了专业课程外，还开设了语文、思想政治等公共基础课程。这些课程为君子文化教育提供了丰富的载体，学校可以将君子文化教育融入到相关课程的教学中，如在语文课中讲解君子文化经典篇章，在思想政治课中探讨君子道德与社会主义核心价值观的关系等。

3. 校园文化

中职学校注重校园文化建设，拥有丰富的校园文化资源，如校园广播、宣传栏、文化长廊等。学校可以利用这些资源，营造浓厚的君子文化氛围，通过播放君子文化相关的音频、展示君子文化经典语句和故事等方式，让学生在潜移默化中接受君子文化教育。

三、从学生接受角度

中职学生正处于青春期，对新鲜事物充满好奇，具有较强的可塑性。君子文化所倡导的高尚品质和道德规范，能够激发学生对美好事物的向往和追求，符合他们对自我成长和发展的需求。同时，中职学校可以通过开展丰富多彩的活动，如主题班会、演讲比赛、文艺演出等，让学生在参与中感受君子文化的魅力，提高他们对君子文化教育的接受度和参与度。

第六章
君子之道与人类命运共同体

第一节　中国大同思想的沿革发展

我们的古人很早就期望“天下大同”。据《礼记·礼运》记载，孔子说：“大道之行也，天下为公，选贤与能，讲信修睦。故人不独亲其亲，不独子其子，使老有所终，壮有所用，幼有所长，鳏、寡、孤、独、废疾者皆有所养；男有分，女有归。货恶其弃于地也，不必藏于己；力恶其不出于身也，不必为己。是故谋闭而不兴，盗窃乱贼而不作，故外户而不闭，是谓大同。”这段话的意思是大道施行的时候，天下是人们所共有的，把品德高尚而又能干的人选拔出来，大家讲求诚信，彼此和睦相处。所以人们不单奉养自己的父母，不单抚育自己的子女，使老年人能终其天年，中年人能为社会效力，年幼的孩子可以健康成长，让老而无妻的人、老而无夫的人、幼而无父的人、老而无子的人及所有残疾人都能得到社会的供养，所有男子都有职务，所有女子都有归宿。对于财货，人们憎恨把它扔在地上的行为，却不一定要自己私藏；人们都愿意为公众之事竭尽全力，而不一定为自己谋私利。因此奸邪之谋不会发生，盗窃、造反和害人的事情不会发生，所以大门都不用关上了，这就叫作大同社会。

因此，大同社会倡导“天下为公”的政治理想，倡导“选贤与能”的治理体制，倡导“讲信修睦”的人际关系，倡导各得其所的社会保障，倡导人人为公的社会道德，倡导安定有序的社会秩序。显然，这是对理想社会的描述，代表着人类对未来社会的美好憧憬。古代君子执着于这样的大同理想，演绎出许多可歌可泣的人生故事和历史篇章。

在中国古人眼里，“天下”观是一个多层次、多维度的概念，它不仅涵盖了地理空间上的世界，还包括了政治统治、文化理念及宇宙哲学等多个层面。这种观念体现了古人对理想政治秩序、人类共同价值观及宇宙和谐的理解和追求。基于这一逻辑的“天下观”，在国家关系上体现为“协和万邦”的国际观，在社会关系上体现为“和而不同”的社会观，在人际关系上体现为“仁心和善”的道德观。天下由此作为对世界的知识体认和意义表达，在本体上形成一个“天人一体”的秩序理念，旨在建构以“意义”统领“秩序”的人类社会有机体。

大同是中国古代思想，指人类最终可达到的理想世界。基本特征即为人人友爱互助，家家安居乐业，没有差异，没有战争。这种状态称为“世界大同”，这种世界又称为“大同世界”。古代思想家对大同社会做出了许多符合当时历史条件的阐述，近现代思想家、政治家结合时代特征进一步阐释大同思想，又加入了全球范围内政治、经济、科技、文化融合的思想，探讨其对世界历史进程的积极影响。这种思想，我们现在称为人类命运共同体。人类命运共同体是以全人类共同价值“和平、发展、公平、正义、民主、自由”为基础的。这种人类命运共同体思想，必将成为现在和今后处理不同国家、不同民族、不同文化交往、交流的基础理论和处事原则。作为新时代的君子，对此必须有科学认识并努力践行。

下面重点介绍一下中国大同思想的沿革发展。

一、先秦两汉

春秋末期到秦汉之际是中国古代社会制度发生剧烈变动的时期。在这样一个新制度产生的分娩阵痛时期，产生出各种各样的关于理想社会的蓝图，农家“并耕而食”的理想、道家“小国寡民”的理想和儒家“大同”的理想，是这一时期大同思想的三种主要类型。

农家“并耕而食”的理想：人人劳动，没有剥削；社会生产基本上以自给自足的农业为主，但存在若干独立的手工业，并进行着农业和手工业产品之间的交换，交换按等价原则进行，没有商业欺诈；不存在脑力劳动和体力劳动之间的分工，不存在专业的脑力劳动者，连君主也要和人民“并耕而食”。农家的这种理想，实质上是农民小生产者对自己落后的经济地位的理想化。

道家“小国寡民”的理想：人类分成许多互相隔绝的“小国”，每一个小国的人民都从事着极端落后的农业生产以维持生存，废弃文字，尽量不使用工具，人人满足于简陋低下的生活而不求改进；同外部世界断绝一切联系，即使对“鸡犬声相闻”的“邻国”（实际上是邻村），也“民至老死，不相往来”（《老子》），而舟车等交通工具是根本用不着的。道家的“小国寡民”理想，实际上是一种历史倒退的幻想。

儒家“大同”的理想：没有私有制，人人为社会劳动而不是“为己”；老弱病残受到社会的照顾，儿童由社会教养，一切有劳动能力的人都有机会充分发挥自己的才能；没有特权和世袭制，一切担任公职的人员都由群众推选产生；社会秩序安定，夜不闭户，路不拾遗；对外“讲信修睦”，与邻国友好往来，没有战争和国际阴谋。

不难看出，儒家的大同理想比农家、道家的理想更详尽，更完整，也更美好，更具有诱人的力量。因此，它在中国思想史上也有更大、更深远的影响。

儒家大同理想是在《礼记·礼运》中提出来的。《礼记·礼运》大概产生于秦汉之际或汉初。所以，尽管以孔子名义发布，但很难说就是孔子的原话。这时，新兴统治阶级已经建立起统一的集权专制帝国，正在雄心勃勃地为巩固政权、发展经济而斗争，于是，它的某些代表人物就提出大同这种理想社会方案，描绘出一个美好的愿景。

上述三种类型的大同理想，奠定了后代大同思想的发展基础。后代出现的农民小生产者的大同类型，基本上是属于农家类型的；一切在王朝更替、农民战争中受到损害，企图用“避世”来寻求解脱的人，都憧憬着道家类型的理想境界；而儒家的大同理想，则往往为新兴社会力量的代表人物所汲取。

二、西汉至鸦片战争前

在西汉中叶至清代第一次鸦片战争前，中国的社会政治结构和社会形态保持稳定，没有形成新的生产力和新的阶级，因而儒家大同类型的理想，未再出现新的模式。

农家类型的大同理想，主要通过组织农民起义的宗教团体的某些生活制度体现出来，东汉末年张鲁承继的五斗米道是最早的典型。他主张废除官吏，设“祭酒”分管部众，各祭酒的辖区设义舍，放置义米、义肉，供行人无偿取用。对部众的管理强调用说服教育的方式，对犯法的人也首先进行教育，宽恕三次不改而后处罚。

道家类型的大同理想，在东晋陶渊明的《桃花源记》中形成了新的、最有影响力的典型。陶渊明在文中幻想出一处同现实世界隔绝的人间乐土——桃花源，那里没有剥削、压迫和战争，人们永远处于和平、宁静和温饱的环境中，过着无忧无虑的田园生活，对外部世界几百年来的王朝废兴、社会动乱都一无所闻，自秦末进洞以来，“乃不知有汉，无论魏晋”。《桃花源记》在中国大同思想发展史上有着重要的地位。此后一千多年，幻想逃避现实社会苦难的人普遍地憧憬着“世外桃源”，它成了人间乐土的同义词。

三、近代发展

从1840年第一次鸦片战争以后，中国由传统社会逐步向近代社会转型，这是中国历史上又一次社会剧烈变动的时期。农家类型和道家类型的大同理想仍有所表现，太平天国的天朝田亩制度和章太炎的《五无论》分别是二者的典型。但是，在近代中国的大同理想中占主要地位的却是儒家的大同类型，它被许多资产阶级代表人物用来表达自己的社会理想，其中最为著名的是康有为和孙中山的两种大同理想。

康有为写了《大同书》，设想未来的大同社会是一种以生产资料公有制为基础、没有剥削的社会。生产力高度发达，人们物质文化生活水平很高。国界消灭，全世界统一于一个“公政府”之下，没有战乱。政治上实行资产阶级民主共和制度，没有贵贱等级。男女完全平等，家庭已消灭，不存在父权、夫权压迫。

孙中山大同理想的主要内容是：土地国有，大企业国营，但生产资料私有制仍然存在，资本家和雇佣劳动者两个阶级继续存在；生产力高度发展，人们生活普遍改善；国家举办教育、文化、医疗保健等公共福利事业，供公民享用。

康有为和孙中山都对西方资本主义国家的垄断压迫、贫富分化、危机、失业等现象有所批评，但他们的大同理想基本上还是对资本主义制度的理想化。康有为的现实主张是通过自上而下的改革逐步走上资本主义发展道路，因而对自己的大同理想不愿立即实行，主张经过缓慢的改良在遥远的未来使“君衔……徐徐尽废而归于大同”(《大同书》)。孙中山作为资产阶级革命派的代表，则要求把他的大同理想在资产阶级民主革命阶段就付诸实施，要求“举政治革命、社会革命毕其功于一役”(《孙中山选集》)。

四、人类命运共同体

著名社会学家、人类学家费孝通先生在1990年总结提出了国际文化交流“各美其美，美人之美，美美与共，天下大同”的十六字箴言。“各美其美”是指各个民族都有自己的价值标准，各自有一套自认为美的东西。这些东西在别的民族看来不一定美，甚至会觉得丑恶。其实，民族接触的初期还常常发生强迫别的民族改变他们原有的价值标准来迁就自己的情形，能容忍、做到“各美其美”是一大进步。只有在民族平等地频繁往来之后，人们才开始发现别的民族觉得美的东西自己也觉得美并去赞美它。这就是“美人之美”。这是高一级的境界，是超脱了自己生活方式之后才能达到的境界。这种境界的升华极其重要。再升华一步就是“美美与共”。不仅能容忍不同价值标准的存在，而且能赞赏不同的价值标准，那么离建立共同的价值就不远了。的确，“美美与共”是不同标准融合的结果，那不就达到了我们古代人所向往的“天下大同”了吗？因此，费孝通先生的十六字箴言可以成为国际文化交流今后应遵循的文明准则。费孝通先生说：“我觉得人类的文化现在正处在世界文化统一体形成的前夕。要形成一个统一体，而又尚未形成……这个特点里边有一个方向，就是多元一体的世界文化的出现。”费孝通先生所表达的是，世界大同是必然趋势，多元一体、和而不同是必然形态，同时也彰显出其对中华文明具有重要世界意义和对人类共同价值的充分自信。

2013 年 3 月，习近平主席出访俄罗斯，在莫斯科国际关系学院发表演讲时首次提出“人类命运共同体”的倡议。2017 年 1 月 18 日，习近平主席在联合国日内瓦总部发表《共同构建人类命运共同体》的主旨演讲，提出“构建人类命运共同体，实现共赢共享”的中国方案。在全球化时代，探析从天下大同到人类命运共同体的文化生成图式，可以为携手共建全球治理新秩序提供必要的思想支撑。

2021 年 11 月 11 日，党的十九届六中全会通过的《中共中央关于党的百年奋斗重大成就和历史经验的决议》指出，一百年来，党既为中国人民谋幸福、为中华民族谋复兴，也为人类谋进步、为世界谋大同，以自强不息的奋斗深刻改变了世界发展的趋势和格局。党领导人民成功走出中国式现代化道路，创造了人类文明新形态，拓展了发展中国家走向现代化的途径，给世界上那些既希望加快发展又希望保持自身独立性的国家和民族提供了全新选择。党推动构建人类命运共同体，为解决人类重大问题，建设持久和平、普遍安全、共同繁荣、开放包容、清洁美丽的世界贡献了中国智慧、中国方案、中国力量，成为推动人类发展进步的重要力量。

从“天下大同”理想到人类命运共同体理念，体现了中国对和谐世界和美好生活的自觉建构，不仅蕴含着中华传统文化的智慧，更是对中国命运的深度思考和对人类命运的一种前瞻性规划。人们开始认识到，人类文明形态是丰富多彩的，每一种文明形态都是人类文明的有机组成部分，都是对人类尊严的证明，都是对人类文明进步的贡献。天下大同，不是把各种文明形态归化为一，而是各种文明形态和谐共存、和而不同、求同存异，共同构建人类命运共同体。

推动构建人类命运共同体，不是以一种制度代替另一种制度，不是以一种文明代替另一种文明，而是不同社会制度、不同意识形态、不同历史文化、不同发展水平的国家在国际事务中利益共生、权力共享、责任共担，形成共建美好世界的最大公约数。人类命运共同体意识，具体表现为“五位一体”的总体布局和实现路径：政治上，要建立平等相待、互商互谅的伙伴关系。安全上，要营造公道正义、共建共享的安全格局。经济上，要谋求开放创新、包容互惠的发展前景，打造兼顾效率和公平的规范格局。文化上，要促进和而不同、兼收并蓄的文明交流。生态上，要构筑尊崇自然、绿色发展的生态体系。

人类命运共同体的提出，不仅在思维层面对当前人类全球性交往进行了价值规约，而且在实践层面为人类生存发展提供了路径走向。具体来说，从人类命运共同体的思维方式出发，主要涵盖了三大层面革命：一是文明层面由对抗性、冲突性走向交流性、互鉴性的理论革命；二是现代化道路层面由一元决定论走向多元共生论的道路革命；三是价值理念层面由单极独断论走向多元开放论的价值革命。人类命运共同体作为一种区别于“西方中心论”且展现人类文明新形态的全新理论和思维方式，为21世纪人类的生存发展指明了基本方向。

第二节 人类命运共同体的价值基础

进入21世纪，人类前途命运休戚与共，各国相互联系和彼此依存比过去任何时候都更频繁、更紧密。在全球性挑战此起彼伏的情况下，任何国家都难以独善其身，世界各国需要团结合作，共同携手解决全人类面临的难题。共同行动呼唤共同价值。全人类共同价值是人类社会实践的产物，也是人类交流交往的结果。只有在建立全人类共同价值的基础上，构建人类命运共同体，才能最终实现天下大同。

全人类共同价值符合世界各国人民的共同追求，顺应人类发展进步的时代潮流，也为构建人类命运共同体提供了价值基础。共同应对人类面临的挑战，需要以全人类共同价值凝聚各方力量，推动构建人类命运共同体。2015年9月，习近平主席在第七十届联合国大会一般性辩论上发表重要讲话，首次提出全人类共同价值并阐释了其基本内涵，即“和平、发展、公平、正义、民主、自由”是全人类的共同价值，也是联合国的崇高目标。

2017年1月18日，习近平主席在瑞士日内瓦万国宫出席“共商共筑人类命运共同体”高级别会议，并发表题为《共同构建人类命运共同体》的主旨演讲，强调中国古人说：“善学者尽其理，善行者究其难。”构建人类命运共同体是一个美好的目标，也是一个需要一代又一代人接力跑才能实现的目标。中国愿同广大成员国、国际组织和机构一道，共同推进构建人类命运共同体的伟大进程。

2021年7月，在中国共产党与世界政党领导人峰会上，习近平主席呼吁，我们要本着对人类前途命运高度负责的态度，做全人类共同价值的倡导者，以宽广胸怀理解不同文明对价值内涵的认识，尊重不同国家人民对价值实现路径的探索，把全人类共同价值具体地、现实地体现到实现本国人民利益的实践中去。党的二十大报告提出，我们真诚呼吁，世界各国弘扬和平、发展、公平、正义、民主、自由的全人类共同价值，促进各国人民相知相亲，尊重世界文明多样性，以文明交流超越文明隔阂、文明互鉴超越文明冲突、文明共存超越文明优越，共同应对各种全球性挑战。

2023 年 3 月 15 日，习近平主席在中国共产党与世界政党高层对话会上发表题为《携手同行现代化之路》的主旨讲话，并首次提出全球文明倡议，我们要共同倡导弘扬全人类共同价值，和平、发展、公平、正义、民主、自由是各国人民的共同追求，要以宽广胸怀理解不同文明对价值内涵的认识，不将自己的价值观和模式强加于人，不搞意识形态对抗。习近平主席深刻指出，和平与发展是我们的共同事业，公平正义是我们的共同理想，民主自由是我们的共同追求。三个“共同”，蕴含的正是各国人民对美好生活的共同企盼。当今世界，推动新型国际关系建设的进步力量在增强，但同时，强权政治、阵营对抗政治、单边主义、保护主义等不时抬头，对世界和平与发展造成严重威胁，治理赤字、信任赤字、发展赤字、和平赤字是摆在全人类面前的严峻挑战。是在对抗和冲突中退回到旧国际关系漩涡中，还是在进步力量推动下走新型国际关系发展道路？世界急需站在全人类高度上的思想引领。习近平主席以对人类前途命运高度负责的态度，提出全人类共同价值，凝练概括全人类的基本价值共识，顺应时代发展潮流、契合各国人民期待，为人类文明朝着正确方向发展提供强大精神动力。

和平与发展是人类的共同事业，也是当今时代的主题，关乎所有人的生存权和发展权。和平孕育发展生机，发展保障持久和平。和平如同空气，各国日用而不觉，失之则共同蒙难。一部国际关系史，可以说也是一部人类不懈追求和平、巩固和平的历史。只有各国共同肩负维护和平的责任，人类才能享受和平的阳光雨露。发展是保障人民基本权利、满足人民对美好生活热切向往的根本途径。今天，国际社会发展不平衡、不均衡现象和问题尚未得到实质性改变，维护各国的正当发展权利，不断改善欠发达国家和地区的发展条件，实现各个国家和群体的共同发展、可持续发展，依然任重道远，这也是将发展作为全人类共同价值的重要意义所在。

公平正义是人类的共同理想，也是国际秩序的基石。世界要公道不要霸道。保障公道公理，摒弃丛林法则、强权政治，是各国人民在国际关系领域的正当追求。站在历史正确的一边、站在人类进步的一边，就要努力维护国际关系公平正义。坚持公平正义，首要的是坚守主权平等原则。主权平等是国与国规范彼此关系的重要准则，也是联合国及所有机构、组织共同遵循的首要原则，在这一点上各国已形成高度共识。国家不分大小、强弱、贫富一律平等，主权和尊严必须得到尊重，内政不容干涉，反对以强凌弱，反对把自己的意志强加于人。确保国际规则的平等统一适用，不能“合则用、不合则弃”，更不能搞双重标准、多重标准。在世界格局深刻复杂演变、国际形势动荡变革的当下，人们对公平正义价值的呼唤尤为强烈。

民主自由是人类的共同追求。近现代世界历史上，国际关系的发展进步，正是在一大批国家反对殖民主义、争取民族独立和解放、建立国际政治经济新秩序等推进国际关系民主化的努力中逐步实现的。从国际层面来说，民主意味着各国平等参与国际事务，共同掌握世界命运，遵循共商共建共享原则参与国际治理等。自由意味着每个国家都有自主选择发展道路和发展模式的权利，各国要彼此尊重对方开展正常正当经济文化活动的权利。今天，垄断国际事务的想法是落后于时代的，垄断国际事务的行为也注定是不能成功的。同样，垄断对民主自由的定义，以民主价值观画线、拼凑小集团、搞阵营分割或以“民主”“自由”为幌子干涉别国内政，都与民主自由的价值格格不入，也与世界各国人民的期待背道而驰。

全人类共同价值的价值主体是全人类，要摒弃敌我两分、非此即彼的方法论，把人类作为一个命运共同体。长期以来，西方国际关系理论中流行的价值观念，先验地将世界一分为二、一分为多，处于支配地位的国家将自身理解的特殊价值视为各国都应该接受的价值，组建价值联盟、划分价值阵营，搞价值对抗。这种做法反映的是零和思维、对抗思维，在世界上制造出很多矛盾冲突。全人类共同价值深刻洞察各国相互依存、文明多元共生的现实，把握住任何国家都无法狭隘地盯着自身利益、局部利益而无视全人类共同利益的时代趋势和历史规律，站在全人类共同利益的高度凝练不同国家、民族、地域、文化背景下人们的价值共识，反映各国人民普遍认同的价值理念的最大公约数，超越意识形态、社会制度和发展水平的差异，是全人类共同享有，也有责任共同维护并弘扬的价值理念。全人类共同价值以整体思维、系统观念观照全人类的前途命运，超越了长期困扰国际关系发展的对抗式价值理念，符合人类共同利益。

全人类共同价值是在总结和比较国际关系发展正反两方面历史经验基础上凝练而成的，是在准确把握世界各国求和平、谋发展、促合作的需求基础上提出的。西方国际关系理论把价值体系建构在抽象的人性之上，否认国家之间、民族之间的差异，认为存在超越时空、超越历史的价值范畴，这样的价值必然是虚伪的、无法落地的。全人类共同价值反映世界人民共同期待，直面“世界怎么了”“人类向何处去”等时代课题，主张立足当今国际关系发展的状态和趋势，面对大变局下国际关系可能出现的逆流，通过共同价值来把握和校准国际关系发展的方向。全人类共同价值是时代进步和实践发展的产物，切合当今世界实际，因而能够得到各国人民发自内心的认同，也能够具体地、现实地体现到实现各国人民利益的实践中。

全人类共同价值，不是哪个国家的专利，而是世界各国人民的权利。必须看到，由于各国历史、文化、制度、发展水平不尽相同，弘扬全人类共同价值，必须充分尊重文明的多样性。这与唯我独尊、强施于人的所谓“普世价值”有着根本不同。民主自由是历史的、具体的、现实的，不能脱离不同国家的具体国情去空谈。走自己的路，把全人类共同价值具体地、现实地体现到实现本国人民利益的实践中去，才能各美其美、美美与共，实现人类千百年来共同追求的价值。我们应以宽广胸怀理解不同文明对价值内涵的认识，尊重不同国家、人民对价值实现路径的探索，更好汇聚人类文明进步的精神力量。习近平主席指出，一个和平发展的世界应该承载不同形态的文明，必须兼容走向现代化的多样道路。非黑即白不是地球的真实颜色，多样性是人类文明的魅力所在，不同国家人民实现价值的路径不同。所谓大同并不是全部相同、高度相同，而是最广泛意义、最大限度、最大范围的认同、趋同，本质是异质文明的相互包容与和谐共生。对立、零和思维支配下的狭隘价值观不得人心，更会把世界带入危险和动荡的境地。全人类共同价值坚持普遍性与特殊性、共性与个性相统一，既弘扬促进人类发展进步的先进价值，也尊重不同国家、不同文明在价值实现路径上的特殊性、差异性，对多样性的价值实现路径不是进行否定或替代，而是主张求同存异、平等交流、相互借鉴。这样的价值才能把全人类意志和力量凝聚起来，为应对层出不穷的全球性挑战、增进各国人民福祉增添动力。

第三节　君子文化与人类命运共同体

君子文化与天下大同思想都是中华传统文化的精华。它们同源同脉，具有强大的生命力，不仅维持了中华传统文化和文明形态的赓续和发展，也为当前推广全人类共同价值和构建人类命运共同体提供了重要思想资源。“人类命运共同体”是“天下大同”理想的创造性转化和创新性发展。它继承了传统大同思想的精华，抛弃了过时的成分，通过富有创意的改造和发展，赋予其新的生命力，展现了中华民族的特有智慧。“人类命运共同体”理念提出后，引起了世界的广泛关注，再次证明只有立足民族文化传统，才能做出符合时代需要的理论创新。如果说，古代君子以天下大同为最高理想，虽不能至而心向往之，那么，当今时代的君子必须拥有全球眼光，以天下为己任，与人类共命运，自觉践行全人类共同价值，积极参与构建人类命运共同体的伟大进程。

中国古代天下观的基本结构形成于商朝时期，即将天下划分成“中央”与“四方”两部分，通过先秦的“百家争鸣”，天下观日臻完善。可以说，人类命运共同体理念继承发扬了儒家的大同思想，二者都具有“天下为公”的价值观念、“和而不同”

的辩证思维、“公平正义”的治理理念、“和谐共生”的生存方式、“以人为本”的社会理想。但古人之天下观与今日所说的人类命运共同体还有一定差距。主要体现在以下三个方面。

第一，从地理角度看，古代之“天下”是指中华大地。古人由于受限于科学技术的发展，仅可观察到其生活的地方，自然而然也就将中华大地看作是全“天下”。此方面的天下观正是中国古人最为朴素的世界观，那时的他们认为整个世界是“天圆地方”的。我们今天所说的“天下”则是指整个地球。

第二，从人心角度看，“天下”不仅指土地，而且还指生活在这片土地上的人的心理。中国古人始终将民心作为天下治理的前提，即“得民心者得天下”。并且，天下观还具备较强的包容性。古时的民心并非纯粹是以人种来区分，更多是以文化认可程度来划分。受时代局限，古人认为的“天下”只有中原和四夷之人；我们今天所说的“天下”则是指全人类。要自觉地克服前人思想中隐含的“华夏中心论”，也要反对工业革命以来形成的“西方中心论”，建立多元一体的天下观。

第三，从政治角度看，天下观具有较强的政治因素。古人的天下观包括古人所设想的理想化政治秩序，即创建“仁爱、有序”的社会，最终实现“天下大同”。这种观念当然是珍贵的，但也有其局限性。那时人们的观念认为只有自己民族是先进的，“天下大同”就是用中华文化去同化世界。我们现在应该在“各美其美”的基础上，逐步达到“美人之美”和“美美与共”，逐步形成全人类共同价值，最后达成所有国家、民族和文化的“和而不同”、讲信修睦、共同发展的人类命运共同体。

为此，新时代君子，必须建立以下观念。

一、平等看待世界不同国家、民族和文化

我们要弘扬全人类共同价值，构建人类命运共同体，首先必须平等地看待世界不同国家、民族和文化，认识到国家不分大小，民族不分优劣，文化各有价值。人类文明进入 21 世纪，世界在政治、经济、文化、信息等方面日益联结在一起，全球化成为一种现实生活状态，世界大同具有了前所未有的有利物质条件。人类文明形态是丰富多彩的，每一种文明形态都是人类文明的有机组成部分，都是对人类尊严的证明，都是对人类文明进步的贡献。习近平主席在亚洲文明对话大会开幕式上的主旨演讲中指出:“每一种文明都扎根于自己的生存土壤，凝聚着一个国家、一个民族的非凡智慧和精神追求，都有自己存在的价值。人类只有肤色语言之别，文明只有姹紫嫣红之别，但绝无高低优劣之分。认为自己的人种和文明高人一等，执意改造甚至取代其他文明，在认识上是愚蠢的，在做法上是灾难性的……我们应该秉持

平等和尊重，摒弃傲慢和偏见，加深对自身文明和其他文明差异性的认知，推动不同文明交流对话、和谐共生。”当前，某些西方资本主义国家执迷于文明冲突的认知偏误、习惯于例外和优先的心理优越感，对新兴国家持极端排斥、遏制的态度，企图以资本主义国家的经济优势、军事优势、同盟优势和话语权优势等继续维持其世界霸权和主宰地位，无所不用其极地运用新的冷战、经济制裁、政治渗透、技术封锁、军事干预、武力威慑等手段来阻止其他文明形态的发展和复兴，不惜以逆全球化的各种操作阻止人类文明进步潮流，给世界的和平发展、公平正义等带来极大的不确定性、风险性和破坏性。这告诉我们，人类文明进步的成果有可能异化为阻碍甚至摧毁人类文明发展的能量。这一严峻的挑战，既是人类文明进步面临的共同威胁，也是实现中华民族伟大复兴面临的严峻挑战。我们对此必须有清醒的认识。不管今后还会面临多大困难，我们都要大力弘扬全人类共同价值，构建人类命运共同体。

二、首先把中国的事情办好

中华文化传承五千多年没有中断，形成了“和衷共济”“和而不同”的“和合”文化及“兼济天下”“天下为公”的天下情怀，成为全人类共同价值和构建人类命运共同体的宝贵资源。不过，从千年的历史长视角来看，从北宋建立到1840年鸦片战争爆发，其间，元、明、清虽然都不失为当时世界上的强大帝国，在政治、经济、社会、文化、科技等方面也都有新的发展，但在后来的中西实力对比中，其发展趋势却呈现出一条加速下滑的曲线，直至成为西方殖民主义列强奴役、掠夺、瓜分的对象。究其原因，主要在于尊崇王道与实现富强的关系没有处理好。中华文明尤其是作为思想主流的儒家文化尊崇道义，追求王道善政，强调以德治国、以德化人、重义轻利、尊理抑欲，甚至主张存天理灭人欲，忽视和拙于国家财力、财政、财源的谋划、设计、开发，偏重于心性修养，轻视经世致用之学，荒疏于救世济民、富国强兵的实践，以致国计、国防、民生缺少制度性的平衡和保障机制，国家常常处于治乱兴亡的漩涡而不能自拔，文明成果不容易积累并向更高层次进化，使王道追求常常流于空谈和想象，导致主张富国强兵的思想与实践常常遭到顽固的阻碍。这是中国传统政治思想内蕴的根本矛盾。中华文明之所以会在世界文明转型的门槛上徘徊了几个世纪之久，在诸多历史因素中，固化的王道理想对于国家富强的深刻制约是一个非常重要的因素。

20世纪以来，中国共产党领导中国人民，使国家走向繁荣富强，一举扭转了“三千年未有之大变局”。历史证明，世界上既不存在定于一尊的现代化模式，也不存在放之四海而皆准的现代化标准。中华人民共和国成立后，特别是改革开放以来，我国仅用几十年的时间，以工业化、城镇化、农业现代化、信息化并联式发展，快速走过了发达国家上百年甚至数百年的发展历程，14 亿人口全面进入小康社会，进而整体迈入现代化。这将彻底改写现代化的世界版图，在人类发展史上是一个具有深远影响的重大事件。中国式现代化走出了一条与西方现代化迥异的道路，这就大大拓展了发展中国家走向现代化的途径。

“世界百年未有之大变局”既是激荡变革期，又是战略机遇期。在这一大变局中，中国持续快速发展，中华民族伟大复兴不断前进，成为世界格局演变的主要推动力量，使国际力量对比发生变化，推动世界大变局不断向纵深发展。当前国际环境日趋复杂，全球治理体系面临重塑，国际格局加速演变，但深入人心的人类命运共同体理念持续给人类带来新的希望和信心，各国相互依存、加强交流合作的动能依然强劲，和平与发展仍然是时代主题，实现世界大同的美好理想具有广阔的空间和光明的前景。甚至可以说，这个“世界百年未有之大变局”的激荡变革期，为实现中华民族伟大复兴提供了难得的历史机遇。在这样的局势下，中国应优先把自己的事情办好，我们要抓住机遇推进民族复兴大业。中国的事情办好了，才能更多地承担国际义务，促进全人类共同价值的形成，人类命运共同体的理想才有可能实现。

三、君子文化建设的光荣使命

我们继承弘扬君子文化，倡树君子人格，必须落脚于实践，使之蔚然成风，必须与全人类共同价值和构建人类命运共同体紧密联系起来。这是君子文化建设的光荣使命。

今天，我们提出的人类命运共同体理念，同样需要从当下做起。在促进世界和平与安宁、推动共同发展、文明交流互鉴、建设绿色低碳清洁美丽的世界和全球治理等方面，中国进行了坚持不懈的努力，做出了世界认可的贡献。我们相继提出全球发展倡议、全球安全倡议、全球文明倡议，在理论和实践上不断完善与创新。作为追求君子人格的新时代君子，既要有世界的眼光，也必须立足于实际，创造性地做好实际的工作，否则就会流于空想、空谈。

中国古代的君子历来有以天下为己任、与人类共命运的情怀与担当。尽管当时生产力很不发达，科学技术发展水平有限，其天下观也相应受到局限，但古代君子却能有“天下为公”的政治理想，把天下看作一个整体，认为“四海之内皆兄弟也”，天下人应该和平共处，共同发展。今日的人类命运共同体理念同样认为世界是一个整体，不可分割。因为人类只有一个地球，各国共处一个世界。习近平主席多次强调，国际社会日益成为一个你中有我、我中有你的命运共同体。世界经济的大海，你要还是不要，都在那儿，是回避不了的。想人为切断各国经济的资金流、技术流、产品流、产业流、人员流，让世界经济的大海退回到一个一个孤立的小湖泊、小河流，是不可能的，也是不符合历史潮流的。这对我们是极富启发性的。对历史最好的继承，就是创造新的历史。如果没有这样的广阔胸怀，只是固守或停留于传统的君子观念，不能与时俱进，就很难适应当今的时代，也很难成为新时代的君子。

君子文化是中华传统文化的精髓，是民族精神的集中体现，也是几千年来推动中华文明生生不息的主要因素。君子文化具有中华传统文化连续性、创新性、统一性、包容性、和平性的共同特征。我们要弘扬全人类共同价值，构建人类命运共同体，应该大力倡树君子文化。君子文化的精髓与以“和平、发展、公平、正义、民主、自由”为内容的全人类共同价值是完全契合的。经过科学阐释、创新发展、大力倡树，君子文化不仅可以在中国发扬光大，也完全可以走向世界，对人类命运共同体的构建发挥重大作用。

第七章
新泰历史上的君子

第一节　乐圣师旷

师旷本姓施（一说姓师），名旷，字子野，一说鲁国平阳（今山东新泰）人。新泰境内有师旷山、听音台等景点，传为师旷演奏古琴、聆听天籁之地。清代《新泰县志》记载，城北有师旷塚。师旷出生于一个世代传承乐艺的家庭，幼年就展现出非凡的音乐天赋。据《韩诗外传》记载，师旷天生失明，却耳聪心慧，尤其擅长听辨音律，通晓琴瑟之道。师旷早年拜著名乐师高扬（一说师襄）为师，精研六律五声。《国语·晋语》记载，他能在风吹殿角时辨出“南风不竞”，预判楚军必败，亦可通过听人脚步声判断其性格命运。这种近乎通灵的听觉能力令其声名鹊起。师旷因其音乐修养高超，很早就被朝廷征召，成为晋国乐官，最终位列太师，负责国家礼乐事务，影响深远。

在政治上，师旷也是一位有远见卓识的忠臣。他不仅精通音乐理论，更关注国政，常以音乐之道讽谏国君，体现了儒家“以礼正音、以音正政”的理念。师旷一生清贫，淡泊名利，追求和谐与礼治。他的忠诚、博学、仁德深受当时士人敬仰，被后世奉为“雅乐之师”。

师旷的生活俭朴，个性坚定，常以琴瑟为伴，传授弟子，留下了许多脍炙人口的故事。他精通乐理，被视为前无古人、后无来者，历代皆有“乐圣”之称。他晚年仍以琴音教化百姓，死后被追尊为乐官之祖。

一、主要事迹

1. 担任晋国太师，建礼正音

师旷早年被晋国朝廷重用，晋景公即位后，任其为“太师”，主管乐事。师旷深知音乐在国家治理中的作用，倡导“正音以立德”，他主张国家之音乐应符合天时与德政，能安民、导俗、化风。他改革了晋国礼乐制度，编定乐律，确立“宫、商、角、徵、羽”五音之和，在春秋时期形成具有代表性的雅乐系统。

师旷曾在晋国朝廷奏乐，以乐音调和与否来象征政通与否。他奏《咸池》《大夏》等古乐，指出君王政德的高低，对晋国君臣形成了潜移默化的影响。他还主张通过“协音”反映“协政”，以达到政治与伦理的理想状态。

2. 以乐喻政，讽谏国君

师旷不仅是乐师，更是一位睿智的政治家。一次，晋景公欲出兵征伐郑国，师旷引《诗》《书》之义，反对轻启战端，并以乐音比喻战事：宫音调和为仁，商音激烈为怒，角音悲怆为哀，徵音昂扬为勇，羽音含蓄为畏。他言之凿凿，认为若军心不稳、政令不明，即使乐音再高亢，也终究会败北。

此外，他还劝谏晋君慎重选拔贤才，曾引《易》理之言，提出“国将兴，听于民；国将亡，听于神”，体现了天人合一、政由民兴的政治智慧。

3. 拒绝谄媚，坚持道德

师旷一生为人正直，拒绝阿谀奉承。有一次，有人向晋景公进献一把古琴，称为“绿绮”，琴音华美，王欲赐予师旷演奏。师旷抚琴后，冷然表示：“琴虽美，音有淫哇之气，恐非正乐。”景公面色不悦，而师旷毫不退让，直言：“淫乐乱耳，乱耳乱政，国不可久也。”此言震动朝野，也令晋景公深思，最终采纳了他的意见，停止了对靡靡之音的推崇。

4. “圣乐识古木”

据《列子·汤问》记载，楚王曾遣使献木于晋，言为千年神木。师旷听其风动枝叶之声，便断其非古木。果然剖之，其年仅百年。此事彰显了师旷的听觉灵敏与博学多识，同时也象征其能辨曲直、识虚实的道德操守。

5. 不畏权势，犯颜直言

师旷禀性刚烈，正道直行，他娴于辞令，却从不趋炎附势，具有不畏权势的正直品格。一次，晋平公同群臣饮酒时喟然长叹：“莫乐为人君，惟其言莫之违。”师旷侍坐于旁，认为这不像“君人者”所言，竟操琴向平公撞去。没有仗义死节的气概，何以敢如此“犯君”。平公晚年，宫室滋侈，大兴土木，愈加荒淫无道，晋国霸业日衰，以致“民闻公命，如逃寇仇”。在晋平公淫奢衰飒之时，师旷仍敢犯颜直谏，确实需要勇气。据《说苑》记载，平公三次出门打猎，自认为有“霸王之主出”的祥兆，而师旷则认为，这是在自欺欺人。晋平公恼怒异常，“异口置酒祁之台，使郎中马章布蒺藜于阶上”，唤师旷解履拾级而上，师旷忍着痛，仰天长叹。从肉中生出虫子要吃肉，水中生出蠹虫要蚀木。假如自己要与奴仆为伍，那是自找倒霉。庙堂之上，绝不是生蒺藜的地方。现在出现了这种情形，他预言：“君将死也。”表现了师旷守上不阿的高尚品格和对晋国前途命运的忧虑之情。

二、文化贡献

1. 开创中国古代乐理体系

师旷对中国传统乐理的发展具有奠基性意义。他系统总结了五音之性，确立了“以音正政”的思想。他强调“声依律而立，音依德而行”，提出音乐的本质是道德教化，是政治的延伸，这为后世的儒家礼乐制度提供了理论支撑。

他的五音理论影响深远，被《礼记》《乐记》等儒家经典所吸收，成为礼乐文化的核心内容。他认为五音不协调即民风败坏，社会将陷入混乱，故此音乐成为治国安邦的象征工具。

2. 树立“乐师”道德典范

师旷不仅是一位技艺高超的乐官，更是一位德才兼备的士人。他坚持“乐以载道”，拒绝淫声，主张节奏合度、情志中和，认为音乐应反映天地之和、君臣之道。他对君主直言不讳，成为“知音而不媚音”的象征，被后世乐师视为楷模。

宋代理学家朱熹曾评价：“乐者，正也，旷之正，在志不在目。”高度肯定了师旷虽目盲而心明的修养。

3. 引发文艺传统中的盲人文化尊重

师旷作为盲人音乐家的代表，他的事迹激励了无数后人。后世如唐代的李龟年、明代的瞽宗一派等，均以“继旷为师”为荣。他是中国古代盲人音乐传统的文化象征，开创了盲人艺人登上正统文化舞台的先河，也促进了残疾群体在传统社会中获取尊重的机会。

4. 留名典籍，教育后世

师旷的言论多见于《左传》《吕氏春秋》《韩非子》《说苑》等古代典籍。他的思想也融入《乐经》与《礼记》的注疏中，对后世影响深远。司马迁在《史记·乐书》中亦有提及其操守与学问。

他的音乐美学观强调节制、理性、和谐，与孔子所倡导的“中和”理念异曲同工，成为中国古代“雅乐”精神的文化源流。

5. 炳烛劝学，启迪后世

晋平公年逾七十，向师旷询问是否还有学习的必要，担心自己已经年老，学习为时已晚。师旷以“炳烛”为喻，鼓励晋平公学习。他指出：“少而好学，如日出之阳，壮而好学，如日中之光，老而好学，如炳烛之明，炳烛之明孰于昧行乎？”虽然炳烛之明不如阳光强烈，但总比在黑暗中行走要好，以此强调学习不分年龄，任何时候开始都不晚。师旷的劝学思想富有现实教育意义，给人以深刻的启迪和鼓励。

师旷的一生，是艺术与政治、残缺与超越、历史与神话的交织体。作为乐师，他将音乐从仪式工具升华为天道载体；作为盲人，他以听觉重构世界认知；作为谋臣，他在礼崩乐坏的时代坚守民本精神。他的存在证明在中国早期文明中，艺术从未脱离政治与哲学而独立，智者的价值在于以专业技艺为支点撬动整个文明体系的思考。今天重读师旷，不仅在于追溯音乐史脉络，更是透过那双“不见而明”的盲眼，重新发现中国传统文化中“通感万物”的智慧基因。

第二节 和圣柳下惠

柳下惠（前720—前621），为鲁孝公的儿子公子展之后，本名展获，字子禽，因其家住在鲁国的一个下邑柳下（今新泰市宫里镇西柳村），死后谥曰惠，故又称柳下惠。柳下惠死后，葬于村北汶河北岸。明朝嘉靖年间《泰山志》卷二《遗迹·帝王》载：“柳下惠墓在（泰安）州治东南一百里，至今村人尚多展姓者，村名曰柳里村。”《新泰县志》（清乾隆版）进一步标注其封地“柳下”位于今新泰市天宝镇柳里村。新泰市天宝镇现存“和圣墓”（柳下惠墓），为清代重修，墓前立有“和圣柳下惠之墓”碑。2007年考古勘探发现汉代砖室墓遗迹，虽无法直接证明为柳下惠原葬地，但佐证该区域早期墓葬群的存在，与柳下惠家族活动轨迹吻合。

柳下惠出身鲁国士族，自幼好学，通礼知义，尤以品行端正著称。他未曾高位显贵，一生担任的最高官职为“士师”，即掌理诉讼刑名之官，相当于地方官的司法职位。他在任时廉洁正直、执法如山、仁爱待民，深得百姓敬仰。后因政见不同离职，却未改志节，以布衣终老。

柳下惠为人性格温和，谦恭自守，不求显赫，却极重修身。他信奉“中庸之道”，讲求内心纯正与行为清洁，不为利动，不为欲惑。后人尊其“坐怀不乱”之德，称其为儒家“仁爱”的化身，被孔子誉为“仁人”的典范，孟子谓之“圣之和者”，被后世尊为“和圣”。

他虽无著书传世，但其言行事迹被广为流传，并被历代典籍所记述，最终形塑为“君子之德”的象征性人物。

一、主要事迹

1. 担任鲁国士师，执法公正

柳下惠在鲁国曾任“士师”一职，专责法律审理与刑狱执行。他为官清廉，明察秋毫，能洞察人心之善恶，审案多平恕而合理，既不枉罚无辜，也不纵容恶行。在他任内，鲁国刑狱清明，百姓称颂。

他曾断一案：一名富商诬陷仆人盗银，柳下惠通过缜密推理、调查事实，发现主家借刀杀人，反判富商诬罪，使仆人得免无辜之苦。此案流传一时，称“柳师断诬”，为古代清官之典例。

他主张“德法并重”，在司法实践中常引《诗》《礼》以教化当事人，不拘泥于法条，而主张“法外有情、礼中有义”。据《礼记》记载，他“执法而不失仁，是为士师之至”。

2.“坐怀不乱”成传世典范

柳下惠最广为人知的事迹是其“坐怀不乱”的故事，《韩诗外传》《说苑》《吕氏春秋》均有相关记载。一日冬夜风雪交加，一女子迷途而至，请求投宿。柳下惠为免其受寒，命其共卧于榻中，却毫无非礼之举。事后人问之：“何以能坐怀而不乱？”柳下惠答：“非不知美色，乃不容于心。”言语淡然，境界高远。

此事不仅体现他强烈的道德自律，更表现出他对人伦尊重之深，已超出一般防非之心，而达到内心澄明、无邪欲之境。

自此，“坐怀不乱”成为中国历史上标志“君子风范”的成语，用以比喻在诱惑面前仍坚守道德底线，后世常引为教子之训。

3. 多次遭贬，依然守志

柳下惠仕途并不显赫。他多次因直言政事或不附权贵而被贬，传说其被逐三次、官罢九回。但他始终安贫乐道，不改其节。他在《吕氏春秋》中说：“处贫贱而不忧，居卑位而不怨。”《论语》中记载，柳下惠为士师，三黜，人曰：“子未可以去乎？”曰：“直道而事人，焉往而不三黜？枉道而事人，何必去父母之邦？”

二、文化贡献

1. 德行典范，君子人格的化身

柳下惠是儒家文化中君子人格的代表人物之一。他所体现的行为规范与道德操守，符合儒家仁、义、礼、智、信五常之理，尤其以“仁德”为首要。他一生清正廉洁、心存仁爱、温和谦让，其人格境界成为历代士人学习的榜样。

孔子在《论语·微子篇》中评价他说：“柳下惠不迁怒，不贰过。”这是孔子极高的褒扬，意即他不迁怒于他人，不重复过错，展现出极高的道德修养。后世如朱熹等理学大家更赞其“内正其心，外正其行，斯为君子”。柳下惠成为君子文化的典范，被称为“和德君子”。

2. 礼教文化的象征人物

柳下惠深谙《礼》，他不仅在为政中注重礼仪，在个人行为中更以“礼”自律。他强调“以礼修身，以义立行”，其行事之中、审案之际，皆遵礼而行。

“坐怀不乱”不仅是一段佳话，更是中国礼教文化中的核心象征，体现了“非礼勿视、非礼勿听、非礼勿言、非礼勿动”的内在修养要求。宋以后，理学家更是将柳下惠视为“礼义清操”的典范之一。

明清时期，其故事广泛流传于启蒙教材《三字经》《女戒》《劝善录》等，被用于家庭教育、妇德教化、童蒙之训，是传统礼教的重要道德支点。

3. 影响政治与司法理念

柳下惠作为一位杰出的士师，其司法理念在中国法律文化史上占有重要地位。他主张“仁政司法”，即在法律执行中强调道德与仁爱，重视人的本性与改过机会，不主张一味严刑酷法。

他常说：“刑者，为正也，非为怒也。”意思是施刑应为维护正义而非发泄情绪。这种思想对中国古代“德主刑辅”的法律体系构建具有启蒙意义，也体现了儒家重德轻刑的司法传统。

清代法律家沈家本在《刑政述略》中亦言：“古之士师，如柳下者，刑而仁，治而德，斯为大理。”可见其影响之深远。

4. 被奉为道德之神、风化之神

在民间信仰中，柳下惠因其高洁之德、守正之行，被尊为“风教之神”。明清时期，南北多地建有“柳下祠”或“正德祠”，以祀其德行。尤其在河南、山东、江苏一带，其形象被赋予“官清、德正、神明”的象征，成为道德信仰的代表人物之一。

在古代教育与地方治理中，柳下惠常被作为典型人物用以劝人向善、施政清明。直到今天，他依然被广泛引用于中小学德育教育、文化讲坛与君子之风的现代阐释之中。

三、思想传承：新泰文化的精神基因

1.“和”文化的在地化实践

新泰民间至今流传“柳下惠夜宿郭门”的故事，将其“非礼勿动”的操守转化为地方道德教育素材。明清时期，新泰文庙设有“和圣祠”，学子入学需祭拜柳下惠，强化“以和为贵”的价值观。

柳下惠任鲁国士师（典狱官）时“三黜不去”，其“公正司法”理念影响新泰吏风。明代新泰知县李上林曾重修和圣墓，并立碑铭“狱贵乎明，法期于平”，彰显对柳下惠法治精神的继承。

2. 家族文脉的延续

柳下惠八世孙展禽（字子鱼）迁居曲阜，但其族支仍留新泰。唐代展子虔（传为展氏后裔）绘《游春图》，开青绿山水先河，新泰书画艺术由此融入“中和之美”的美学传统。

新泰展姓家族世代传抄《展氏家诫》，强调“处世以和，持家以俭”，将柳下惠思想转化为宗族治理规范。清代展氏族谱载：“吾祖和圣之德，如山之稳，如水之柔。”

四、文化遗存：从历史记忆到现代转化

1. 物质文化遗产

新泰天宝镇和圣墓为省级文物保护单位，墓园内有清代石像、碑刻及“柳下书

堂”遗址。书堂相传为柳下惠讲学处，明代学者王阳明曾到此凭吊，赋诗“鲁邦遗德在，春风草又生”。

柳里村保留明清古民居二十余座，门楣多刻“和风惠露”“圣德绵长”等匾额，村中“和圣井”传说为柳下惠开凿，至今水质甘冽。

2. 非物质文化遗产

每年农历九月十五（传为柳下惠诞辰），新泰举办“和圣文化节”，包括祭礼、儒学讲座、民俗展演等活动。祭典沿用“太牢之礼”，诵读《和圣颂》，2016 年被列入山东省非遗名录。

新泰梆子戏《柳下惠劝农》演绎其教导农人“不违农时”，山东琴书《坐怀不乱》以曲艺形式传播其德行，实现道德叙事的艺术转化。

第三节 礼圣高堂生

高堂生（生卒年不详），姓高堂，名伯，字子伯，西汉初年鲁国平阳（今山东新泰龙廷）人，系春秋齐卿高傒之后。因高傒食采高堂，因以为氏。高堂生是汉代礼学复兴的关键人物，被尊为“礼圣”。他以口传心授的方式保存并传承《仪礼》，在儒家礼学存亡续绝的历史节点发挥了不可替代的作用。

高堂生死后，葬于今新泰龙廷庄西，据《新泰县志》记载，清初时墓曾塌陷，穴中有石椁，“骨骸尽露，状甚奇伟，绝不类今人。椁旁有砖，硃镂其上，云：‘汉礼经博士高堂生’”。由当时乡绅张相汉、庠生牛苏等人捐金重修。到了乾隆年间，坟头渐平，荒草侵没，乡民刘昆自愿修其墓，并亲自看护。

一、主要事迹

1. 薪火传经：口授《仪礼》十七篇

秦始皇焚书（前 213 年）后，礼书典籍几近湮灭，儒家礼学传承面临断绝。汉武帝时，得知平阳（今新泰）人高堂生能默记《仪礼》十七篇，于是聘其为礼学博士，高堂生将家族残存的《仪礼》文本结合自己的记忆，整理为《仪礼》十七篇，包括《士冠礼》《士昏礼》《士相见礼》《乡饮酒礼》《乡射礼》《燕礼》《大射仪》《聘礼》《公食大夫礼》《觐礼》《丧服》《士丧礼》《既夕礼》《士虞礼》《特牲馈食礼》《少年馈食礼》《有司彻》。高堂生传授《仪礼》十七篇，属于今文礼学，内容涉及上古贵族生活的各个方面。高堂生口授《仪礼》是中华文明史上一次惊心动魄的文化抢救行动，其过程凝结了秦火余烬中的儒生智慧，深刻影响了中国礼乐文明的存续与发展，对中华文化的保存和传承具有重要意义。

2. 开宗立派：创立高堂氏学派

高堂生先是把《仪礼》十七篇传授给徐生，瑕丘（今兖州）人萧奋。徐生善长士礼礼容，即士礼的操练。孝文帝时，徐生以“善为容”被任为礼官大夫。他传授士礼礼容给自己的儿子，以至于孙徐襄和徐延。徐襄，天赋擅长礼容，但不能通晓《仪礼》经义；徐延虽通晓《仪礼》经义，但研习不精。徐生的弟子有公户满意、桓生、单次。后来，徐襄也由于善长士礼礼容而任大夫，徐延和公户满意、桓生、单次皆为礼官大夫。士礼礼容的演练源出于徐氏。天下郡国容史，都赴鲁地学习。

萧奋把《礼》传授给孟卿，孟卿又传授给后仓。后仓的礼说撰著题为《后氏曲台记》。后仓传授《后氏曲台记》给弟子闻人通汉。闻人通汉以太子舍人身份参加石渠阁儒经辩论。后仓又传授礼给戴德、戴圣叔侄二人，戴德、戴圣编著《大戴礼记》《小戴礼记》，形成汉代礼学主流学派。

礼经高堂氏学派对经文有自己的见解，这些见解主要体现在其对《仪礼》的注解和阐释上，以及对丧礼的规定和解释上。例如对“至尊”的解释，主张“天子至尊”，因为天子是天下所尊敬的人；“君至尊”，因为君是一国所尊敬的；“夫至尊”，因为妇人以夫象天。在丧礼的规定和解释上，主张父亲为长子服三年斩丧，因为长子是几代嫡亲相承的正体，地位尊贵。庶子不得为长子服三年斩丧，因为庶子地位较低。慈母如母，大夫、士的妾，如果被指定抚养儿子，则儿子对其服丧如亲生母亲。

这些见解体现了礼经高堂氏学派对礼制的细致研究和独特理解，对后世礼学的发展产生了重要影响。

二、文化贡献

1. 制度重建：提供国家礼制蓝本

高堂生是礼学的重要传承者之一。他致力于整理和传授《仪礼》，详细记载了各种礼仪制度。通过他的努力，《仪礼》得以保存和传播，为后世研究和重建礼仪制度提供了重要的文献基础。高堂生不仅自己研究礼学，还积极教授弟子。他的弟子们将所学知识传播开来，使得礼学在战国时期得以广泛传播和应用。这种传承对于礼仪制度的重建起到了关键作用。高堂生不仅在理论上对礼仪制度进行了研究，还积极参与实际的礼仪活动。通过实践，他验证和完善了礼仪制度，使其更加符合当时的社会需求。高堂生的礼学思想和实践对后世产生了深远的影响。他的工作为汉代及以后的礼仪制度建设奠定了基础，成为后世学者研究和重建礼仪制度的重要参考。高堂生所传《仪礼》中的《士冠礼》《士昏礼》《乡饮酒礼》，成为汉代制定《朝仪》《婚律》的直接依据。叔孙通为刘邦制朝仪，核心参照《仪礼·觐礼》。

2. 伦理重塑：确立“礼教”社会规范

《仪礼》是儒家经典之一，详细记载了上古时代的各种礼仪制度，对西汉及后世的伦理观念产生了深远的影响。西汉将“尊尊亲亲”礼法原则注入汉律，形成“礼法合一”的治理模式。高堂生的《仪礼》直接催生了叔孙通制朝仪（据《觐礼》）、汉文帝《婚律》（据《士昏礼》）、武帝“独尊儒术”的礼仪支撑。董仲舒“春秋决狱”实以高堂礼学为隐性基础。董仲舒提出的“三纲五常”成为中国儒家伦理文化的架构，成为封建礼教所提倡的人与人之间的道德标准。“三纲”指的是君为臣纲、父为子纲、夫为妻纲，“五常”指的是仁、义、礼、智、信。这些准则强调了社会秩序和人际关系中的等级与服从，成为指导人们行为的道德规范。西汉礼教强调了家庭内部的伦理关系，如父慈子孝、兄友弟恭等。这些家庭伦理观念不仅在家庭内部发挥作用，也扩展到了国家和社会层面，形成了以家庭为中心的社会结构。西汉时期，儒家经典被纳入教育体系，成为培养士大夫和官员的主要教材。通过学校教育和社会教化，儒家的礼教观念得以广泛传播和深入人心。西汉政府将儒家礼教融入法律体系，使得礼教不仅是道德规范，也成为法律规范。这种“礼法合一”的做法进一步巩固了礼教在中国封建社会中的地位。

3. 学术奠基：催生礼学阐释体系

礼学阐释体系主要体现在对《周礼》《仪礼》《礼记》这三部经典文献的研究和注释上。这一时期的礼学研究不仅限于对文本的解释，还包括了对古代礼仪制度的探讨、对儒家思想的深化及对社会秩序的理解。高堂生对《仪礼》的注解和阐释及对丧礼的规定和解释等行为对弟子及后世弟子产生深远影响。据此发展出戴圣对《礼记》进行了理论阐释，郑玄《三礼注》对古礼进行了文献整合，形成自己的礼学体系。郑玄的礼学体系对后世产生了深远影响，后世有“礼是郑学”之说。他的研究打破了今古学的界限，冲破了家法的藩篱，为后世学者提供了研究礼学的重要参考。

3. 士风楷模，倡导“义重于利”

高堂生为人清廉、不求荣利，其人生观集中体现在“义重于利”四字之中。他认为士人当以道义为本，不应为私利损节，主张“贫而乐道，贱而自守”。这一精神成为儒家“士之大节”理论的重要组成。

孔子曰：“士不可以不弘毅，任重而道远。”此语即与高堂生之精神相通。后世宋代理学将此思想发展为“以义为本”的士人修身之道，如程颢“宁鸣而死，不默而生”，可视为高堂之志的延续。

《世说新语》《礼记正义》中多次引用高堂生逸事，表彰其为“不仕而贤”“居卑而志高”的士人代表。

4. 为儒家“慎独”思想奠基

高堂生强调内心修养胜于外在形式，提出“人不可一日无道，道不容苟且而从”。他认为真正的“君子”应在无监督之时依然守礼，即后世所谓“慎独”。

他曾言：“君子不以无目之地为乱，不以无人之境为肆。”即使在暗地无人之处，君子也应保持自律。这种“慎独”观对儒家心性修养、内圣外王理论具有早期启发意义。

朱熹将此思想系统化，并归于《大学》《中庸》“诚意正心”的修身之道，儒者多奉高堂生为“慎独先觉者”。

5. 成为“士人清节”文化图腾

高堂生虽未位列高官，却因操守高洁，常被后人塑造为“士人节操”之文化象征。在儒家重德清议中，他与柳下惠、颜渊、原宪并列，成为“士人不仕”传统的代表人物之一。

在《文选》《东观汉记》等史书中均有引其言行作为典型劝诫之文，明清文人常以“高堂之节”入文，赞其“虽贫而志不屈，虽辱而行不改”。其形象在绘画、戏剧、碑铭中也被广泛塑造，形成中国文化中“寒士有节”的精神。

三、思想传承：新泰文化的精神基因

1. 礼学思想的传播

高堂生的礼学思想在新泰地区得以传承和发扬，对新泰人的礼仪规范、道德观念产生了深远影响，形成了当地重视礼仪、崇尚礼学的文化传统。唐代追封高堂生为“莱芜伯”。《永乐大典》卷一八二二录有高堂生像曰：

秦历告穷，炎灵启祚。笃生令人，允贞王度。

名教斯崇，礼文有素。勒充告成，式昭余裕。

清初诗人、新泰知县卢紘（1610—？）七言绝句《过苗庄谒高堂先生墓》，咏高堂生：

汉制相传起叔孙，咸阳天子始知尊。

当年早见高堂礼，绵蕞区区何足论。

乾隆年间新泰知县江乾达有《谒高堂生墓怀古》之作，诗云：

玉皇山下树蒙茸，遗墓丰碑气郁葱。

汉诏特隆经自授，秦交历劫礼偏崇。

苔封马鬣三秋雨，月照龙池万古风。

晋谒祠堂精史在，篇留十七启洪蒙。

高堂生的礼学思想增强了新泰人民的文化自豪感和自信心，激发了人们传承和弘扬优秀传统文化的热情，为新泰文化的发展注入了强大的动力。高堂生作为新泰的文化名人，其卓越的学术成就和文化贡献增强了新泰人的文化自信。乾隆《泰安府志》将新泰与曲阜、邹城并列为“礼教三源”。清代学者张象津在《汶南书院记》中说：“礼失求诸野，新泰得其髓。”

2. 礼学思想对现代新泰人的影响

新泰市龙廷镇作为高堂生的故里，深入挖掘礼圣文化资源，将礼学教育放在重要位置，开发了相关课程，开展礼仪教育、礼乐、舞蹈等活动，打造具有深厚文化底蕴的礼乐教育品牌，进一步弘扬了高堂生的礼学思想。新泰人将《仪礼》规范注入民俗肌理，形成日用而不觉的礼教实践。

四、文化遗存：从历史记忆到现代转化

1. 物质文化遗产

高堂生祠墓

羊流镇礼圣堂（清乾隆年建）位于原羊祜故里（今羊流社区），由三进院落构成，主殿供“礼圣高堂生”木主（配祀管仲、鲍叔牙），东厢房陈列《仪礼》十七篇木刻。该建筑于 1947 年毁于战火，2010 年在旧址立“礼圣传经处”碑。

天宝镇高堂生衣冠冢

高堂生衣冠冢位于新泰市天宝镇。明万历《新泰县志》记载“礼圣疑冢在徂徕之阳”，现仅存清代墓碑，刻“汉礼圣高堂伯之墓”，属于县级文保单位。

明清汶南书院

书院设“礼经斋”专授《仪礼》，两旁有门联“十七篇薪传未绝，三千年礼教重光”(引自高堂生典故)。原藏清摹本《高堂生授经图》，现存新泰市博物馆。

《新泰乡土志》

《新泰乡土志》为现存民国课本，内有“礼圣传经，化民成俗，吾乡之荣也”等内容。

2. 非物质文化遗产

冠婚丧祭新泰范式

新泰婚礼融合《士昏礼》“六礼”，在“问名”环节必诵《仪礼·士昏》选段，丧礼参照《丧服》五服制孝服袖口缝黑布条记亲疏，清代新泰《刘氏族谱》规定：“服制等差，悉遵高堂生所传《丧服》篇。”祭祖时沿袭《特牲馈食礼》时辰规范，晨祭必在卯时三刻。

商业伦理的礼学渗透

清代羊流商帮《行规》第一条规定：“交易让利，效礼圣‘以礼制欲’之训。”将礼圣高堂生“克己复礼”思想嫁接商业。

山东梆子《礼圣传经》

剧中讲述高堂生秦末避祸新泰徂徕山，在汶水畔口授《仪礼》的故事。剧中经典唱词有“徂徕松涛替书简，汶水波声作弦歌”。

第四节　贤相鲍叔牙

鲍叔牙(约前723或前716—前645)，一说鲁国平阳人(今山东新泰)，受封于新泰一带的鲍邑，明清方志称其墓在鲍庄(今新泰市汶南镇鲍庄村)。鲍叔牙本姓姒，因其父鲍敬叔仕齐，采于鲍，故以为姓氏。鲍叔牙以高尚的品德、卓越的识人之明和忠贞之心而著称，是春秋时期著名的贤臣、政治家与理财家。鲍叔牙认为自己在治国政策、管理朝政、礼仪规范、统兵作战及如何让百姓尽忠方面无法与管仲相提并论，建议齐桓公任命管仲为宰相。管仲成为相国后，鲍叔牙退而为副相，甘居其下，辅佐国政达三十余年，主理财政、调和诸侯、治齐内政，为齐国的崛起与桓公称霸中原立下汗马功劳。齐桓公四十一年（前 645 年），病逝于任上。

鲍叔牙幼年聪慧勤勉，早年曾与管仲共同做生意，为求生计而相互依赖。在管仲屡次失利、遭遇怀疑甚至下狱之时，鲍叔牙始终不离不弃，屡屡为其辩护，认为“管仲非不智也，时不利也；非不忠也，命不济也”。此等识人之深、情谊之重，传为千古佳话。孔子称其为“知人之贤者”，后人多奉其为“识贤荐贤”“友谊第一人”的典范。

一、主要事迹

1. 舍己荐贤，成就管仲

鲍叔牙与管仲早年共同经商、从政，关系密切。公元前 685 年，齐国内乱，公子纠（管仲辅佐）与公子小白（鲍叔牙辅佐）争夺君位，管仲带兵截击小白，用箭射中小白的衣带钩，小白佯死逃脱，抢先回国即位，即齐桓公。齐桓公因管仲对自己发箭，致其负伤，欲诛管仲。鲍叔牙力谏桓公：“夫管仲者，千载一相也，不可杀也。”他极力称道管仲之才，举荐其为相。此举体现了鲍叔牙大公无私、识人荐贤的精神。后来管仲果然不负重托，改革内政，制衡诸侯，使齐国成为春秋五霸之首。管仲终身感念鲍叔牙，曾说：“生我者父母，知我者鲍子也。”

2. 辅佐管仲，治理齐政

鲍叔牙在管仲为相期间，长期辅佐其政务。尤其在内政和财政方面，鲍叔牙勤勉有为。他主张税收以公平为本，财政以节用为纲，整顿仓储体系，推行清廉制度，使齐国国力大增。

他还常代管仲处理军政、外交事务，具有很强的组织调和能力。齐国富强之后，能长期保持国内安定、政务协调，鲍叔牙在背后的治理作用不可忽视。

据《史记·管晏列传》记载，管仲称赞他“清廉不贪，刚正不阿，国之柱石”。他虽身居高位，却不僭权、不邀功，始终以国家大义为先。

3. 重义轻利，义利分明

鲍叔牙与管仲做生意时，多次主动让利，从不计较得失。早年管仲和鲍叔牙合伙做买卖，管仲家里穷，出的本钱没有鲍叔牙多，可是到分红的时候，他却要多拿。鲍叔牙手下的人都很不高兴，骂管仲贪婪。鲍叔牙却解释说：“非管仲贪利也，家贫耳。”他知道管仲家贫，需赡养母亲，主动让利于管仲。有好几次，管仲帮鲍叔牙出主意办事，反而把事情办砸了，鲍叔牙也不生气，他还替管仲辩解说：“时有利与不利，非其知不足。”这种不以小利毁大义的胸襟，令管仲敬佩不已。

他在政治生活中也体现了同样的原则。曾有人向他建议垄断齐国盐铁，以聚财富，鲍叔牙却严词拒绝：“苟富而不义，不如贫而安道。”他强调国家之利当为民所享，不应被权贵私据。

二、文化贡献

1. 识贤荐贤，开启贤臣文化传统

鲍叔牙最重要的文化贡献，在于其“荐贤不私”的高尚行为。他不以个人恩怨影响对人才的判断，不以地位尊卑妨碍对贤能的推举。他宁愿自己屈居人下，也要成就管仲的才华与国家的兴盛，这种精神开创了中国士人“荐贤授能”的文化传统。

在后世，尤其儒家思想兴起之后，鲍叔牙成为“知人善任”的化身，被推崇为“伯乐式”的典范人物。司马迁在《史记》中多次赞誉其高风亮节，明代冯梦龙的《东周列国志》称其为“荐贤第一人”。

2. 君子之交的象征

鲍叔牙与管仲之间的交情，被后人称为“君子之交”，与“刎颈之交”“金兰之交”并列为中国传统文化中最高尚的人际关系象征。他们之间的关系超越利害、地位、误会、成败，建立在对人格的信任与理解之上。

“生我者父母，知我者鲍子也”一句，成为中国文学、哲学中关于“知音”“知己”的千古名句，被后世诗人如白居易、杜甫、苏轼等人广为引用，构建起中国人内心深处对“知音难求”的集体情感。

3. 理财文化与政治伦理的典范

鲍叔牙主张经济治理应服务于民而非富于国君个人，他在齐国推行的节俭理政、开源节流之策，为中国古代理财思想奠定了基石。他主张“利出一孔，用归百姓”，认为财政之本不在聚敛，而在合理分配。

他也强调财政治理要与伦理结合，不可为了财富而破坏民风。这种“以义理治财”的理念被后来的管子、商鞅、贾谊、盐铁会议等所继承，构成儒家财政伦理的重要来源之一。

4. 忠臣典范，被后世祭祀

鲍叔牙以忠义闻名，不图私利、不求功名，却始终以国事为重。他的忠诚行为成为古代士人修身的典范，被历代王朝所推崇。唐宋以后，多地为其立祠，尊其为“忠义公”或“荐贤公”。

明代教育书籍《三字经》《二十四孝》《千家诗》等均引其事迹教化子弟，表扬其高尚人格与历史功绩。尤其在传统家训文化中，鲍叔牙成为“仁义之交”“朋友之道”的核心人物。

三、思想传承：新泰文化的精神基因

1.“让贤”“知人”的道德实践

鲍叔牙的“让贤”“知人”在新泰转化为可触摸的道德实践样本。清代新泰知县王青澄建“荐贤亭”于衙署，刻鲍叔牙事迹以勉官吏。新泰传统乡约中强调“举贤不避亲仇”，基层荐才机制常引鲍叔牙荐管仲为例。

2.“管鲍分金”的道德教化

新泰民间流传：“鲍叔牙在新泰遇管仲，于汶水畔让利分金，留台为证。”“管鲍分金”的故事成为新泰“重义轻利”商业伦理的象征，明清羊流商帮以此立行规。衍生谚语：“经商要学鲍叔牙，让利三分聚人心。”当代新泰企业以“管鲍分金”为企业文化内核，倡导“合作共赢”商业理念。

四、文化遗存：从历史记忆到现代转化

新泰作为鲍叔牙文化的重要传承地之一，形成了独特的“鲍叔牙文化现象”，深刻影响了新泰的地方文化肌理。

1. 物质文化遗产

鲍叔牙墓

新泰市汶南镇鲍庄村有鲍叔牙墓。清代《新泰县志》称：“鲍叔牙墓，县西六十里。”清代所立碑刻“齐大夫鲍叔牙墓”被列为县级文物保护单位，成为地方历史符号。

鲍叔牙墓与鲍庄村成为新泰鲍氏宗族的祭祀圣地（现存鲍氏族人约500户），每年清明举行公祭。

管鲍祠与分金台

鲍庄曾建管鲍祠（已毁，遗址尚存），祠内供奉管仲、鲍叔牙像。村北有“分金台”石刻，传说为二人经商分利之处。

2. 非物质文化遗产

山东梆子《管鲍分金》

山东梆子《管鲍分金》是一部以管仲、鲍叔牙青年时期经商让利为原型创作的经典剧目，至今仍在鲁中南地区广泛传演。该剧将历史典故与民间智慧相融合，通过高亢激越的梆子声腔、质朴生动的表演，演绎了一段超越利益的知己佳话。该戏以“铜钱串”贯穿全剧，从“谋生工具”升华为“义利之辨”的载体。剧中鲍叔牙名言“以义取利，利通天下”，成为明清鲁商信条（如章丘孟氏、周村瑞蚨祥）。六百年来，这出梆子戏早已超越艺术本身，成为鲁中大地丈量“义利”的一杆活秤。

分金庙会

鲍庄庙会是新泰市汶南镇鲍庄村以纪念鲍叔牙为核心的地方性民俗活动，起源于明代中期，至今已有五百余年历史。这一庙会巧妙融合了宗族祭祀、商贸活动与伦理教化，形成独特的文化景观。每年阴历三月初三鲍庄庙会，主张交易时主动让利，再现“管鲍分金”场景。

庙会时间为每年农历三月初三至初五(传说鲍叔牙诞辰)，高潮日为初三正祭日。庙会分为祭祀区、商贸区和文娱区三部分。正祭日活动分为晨祭大典（初三辰时）、分金市开市（初三巳时）、夜戏酬神（初三至初五晚）三部分，夜戏必演山东梆子《管鲍分金》，演至“分金台让利”段落时，观众向戏台抛投铜钱（今改投纸币入功德箱）。

第五节　儒将羊祜

羊祜（221—278），字叔子，西晋初年重要将领、政治家、文学家。泰山郡人（今山东省新泰市羊流村）。羊流村名取自“羊氏之风，万古流芳”，新泰市的名称来源于西晋泰始年间（265—274，羊祜在世期间）。当时，镇南将军羊祜（或其叔父羊耽，史载有不同说法）上表晋武帝司马炎，将原泰山郡的平阳县（位于今新泰市境内）改名为“新泰县”。“新泰”之名，取意于“新甫山”（位于今新泰市境内）和“泰山”两座名山之首字合并而成。

羊氏家族为名门望族，父羊衜、祖父羊续皆为魏晋时名士。羊祜幼承家教，宽仁有礼，文武兼备，后官至征南大将军、都督荆州诸军事，封临沮侯，是晋朝平定江南、统一全国的重要战略设计者与实施者之一。

羊祜年轻时就以才学闻名，当时著名文学家王粲、曹植等人的诗赋，对他影响颇深。他不仅擅长诗文，更有治国理政和用兵布阵的才能。魏末入仕，任散骑常侍。西晋建立后，任骠骑将军、荆州刺史、征南大将军等职，坐镇襄阳，统筹南方军事长达十余年，为晋朝一统南北奠定坚实基础。

他为人沉稳仁厚，主张"以德服人"，不主张穷兵黩武。在镇守荆州期间，他推行德政，抚慰百姓，笼络南方士族，逐步削弱吴国在江汉流域的根基。他在临终前仍力劝晋武帝"乘时伐吴"，最终促成晋灭东吴大业。

羊祜卒后，朝廷追赠太尉，谥号"成"，后人尊其为"文武兼资，仁德并重"的典范人物。

一、主要事迹

1. 坐镇荆州，经营南方十余年

泰始年间，羊祜被任命为荆州刺史、都督荆州诸军事，镇守战略重地襄阳。此地与东吴接壤，是晋吴对峙的前线。他接手时，吴晋形势胶着，南方民心未定。他本可采用武力征讨，但却选择"怀柔为上"的策略。

羊祜大力推行仁政，广泛接纳吴地流民，严禁军队扰民，修水利、建学宫、施粥赈灾，使襄阳成为百姓向往之地，赢得了"远人归之，如归父母"的美誉。在地方治理中，他用儒家礼法教化百姓，使地方安宁，百姓感恩戴德，甚至筑羊公祠以祭祀其德。

他的策略是"以德先兵"，暗中蚕食吴国边境人心，实际上是"政治攻心"的典范。后来杜预继任襄阳后，即以羊祜所筹"灭吴图"为蓝本发动了伐吴战争。

2. 积极筹划灭吴，主张乘势统一

羊祜在担任征南大将军期间，多次向晋武帝上书，指出"伐吴时机已成熟"，强调南方政局松动、吴国主政腐败，晋国应集中兵力乘势而上。他制订"十年灭吴"计划，提出先固荆襄、笼络民心、分化吴将，再以长江为线，两路夹击。

当时朝中不少人主张"休养生息"，不愿轻启战端。但羊祜以大局为重，坚定陈策："不乘此时，则贻后人之患。"后虽未亲自见其计划实施，但他所筑政治与人心

之基，成为晋灭吴的决定性要素。

羊祜去世后，朝廷采纳其“伐吴”大计，由杜预、王浑率军南下，最终于公元280年平定东吴，完成统一。他虽未亲历胜利，却为统一事业殚精竭虑，被称为“开疆之祖”。

3. 慷慨赴死，托孤荐贤

泰始七年，羊祜因病重，知命将至。他临终前严词谢绝亲族“举荐自家子弟”之请，转而举荐杜预为继任，称其“才堪大用”。他还向晋武帝呈上伐吴策、南方地图与粮道规划，陈述兵力分布与后勤策略，一一周密翔实。

晋武帝感其忠诚，亲赴其丧，追赠太尉，命在襄阳为其立庙，号曰“羊公祠”，流传千载。

二、文化贡献

1. 推行德政，奠定统一基础

羊祜将“以德服人”原则贯彻于南方治理全过程。他任荆州刺史时，首重人心安抚。他整顿政务、肃清贪腐、安置流民、宽政养民，使荆州百姓“家给人足”。他宽以待人，赏罚分明，许多吴人降晋之后仍愿为其效命。

他对敌军俘虏宽容礼遇，不仅未加羞辱，反赐衣食，并劝降其亲属，感动者往往心甘情愿归晋。东吴百姓称之“宁归羊公，不附孙氏”，可见其德化之深。

这种“德先兵后”的政策，为后来的统一战争赢得了人心，也成为后代治边理政的重要借鉴。

2. 忠贞节义，典范名臣风范

羊祜一生刚正不阿、忠诚无私。他虽出身贵族，却不倚权势邀宠；虽贵为将军，却不贪赏赐、不营私利。他在官场严于律己、推荐贤能，对杜预、荀勖等皆能不避权衡，直陈其才。

面对生死之际，他仍心系国家，力荐贤人、托付军政，展现了一位士人“鞠躬尽瘁、死而后已”的道德操守。与管仲、诸葛亮、房玄龄等并称为“古代忠诚良相”典范人物。

晋武帝痛悼其亡，亲制诏令曰：“羊公忠德，实国之望；既殁，邦人咸号。”可见其在国家政治与皇帝心中的分量。

3. 文学风骨，诗文俱佳

羊祜不仅为一代良将，更是一位卓有文采的士大夫。他擅长诗赋，尤精于对《诗经》《尚书》等经典的研读。据《晋书》记载，其文风“清正宏远，性情婉约”。他所撰《征南大将军碑》《诫子书》《荆州记》等文辞典雅，风骨高洁。

在南北对峙的特殊背景下，他以文修身、以文导政，展现了“文武并用”的儒将气质。他对文学的推崇与教育，使荆襄一带成为当时文士聚集、文化繁荣之地。其“忠、和、文、雅”的风格，影响了东晋南朝一批士人，如王导、谢安等，形成了魏晋南北朝独特的“士族文化”气象。

4.“羊公祠”传承千年

羊祜去世后，襄阳百姓为表纪念，在当地建“羊公祠”，春秋致祭不绝。祠中所悬“德化万民”“仁政所归”等楹联，传承千载，今日湖北襄阳尚存“羊公碑亭”，并有“羊祜台”遗址，为地方重要历史文化景点。

“羊公祠”不仅是纪念一位良将的场所，更是士人精神的象征。它象征着文德兼备、仁义为政、忠诚济世的传统君子理想，成为地方治理与文德教育的重要象征。

三、思想传承：新泰文化的精神基因

1. 羊祜清廉忠孝精神的传播

宋代鼎盛士子参加科举考试前到羊公祠祭拜，求“祜公赐智”(羊祜以策论见长)。有矛盾纠纷的商人经常在祠前“悬鱼柱”下立誓和解。

明代重建羊公祠后，新泰知县陈甘雨以廉政闻名，在羊公祠仿刻“堕泪碑”，供百姓倾诉冤情。清末列强割地时期，民众在此聚议抗捐。抗日战争时期，新泰抗日武装以“羊祜戍边”为精神旗帜，编歌谣：“新甫山高，沂水长，羊公精神打东洋。”中共新泰县委也在全县推广“悬鱼账本”(村务公开手册)，进行廉政建设。

2. 羊氏家训融入乡约

散见于《晋书》《羊祜传》中的羊氏家训是一部未成文却深植血脉的生存法典，它以儒家伦理为表，以务实保族为里，使泰山羊氏成为中古士族“绵延四百载而不绝”的典范。羊氏家训核心“清廉立身、权变存族、耕读传家”至今仍是山东地域文化的精神遗产，许多条款已经融入乡约。如今《新泰市民公约》仍保留“尚勤勉、重教育”等条款。

四、文化遗存：从历史记忆到现代转化

1. 物质文化遗产

羊公祠

公元7世纪，唐太宗推崇魏晋名臣，诏令在羊祜故地（泰山郡）立祠。祠堂建在新泰城西青云山麓（今青云街道），取“近新甫而望泰山”之意。建制为三进院，主殿供羊祜执笏奏事像，侧壁绘《更名表》《襄阳屯田》故事，新泰县令在每年岁祭宣读《更名表》，强调“祜之忠，在安乡土”。

新甫山（今莲花山风景区）

新甫山为“新泰”地名的来源之一（新甫山+泰山）。现有羊祜题刻，传为羊祜登临此山题字。望岱台，传说羊祜在此遥望泰山，今为景区观景台。羊祜手植柏，传说为羊祜所植。

羊流河

羊流河流经新泰市羊流镇(羊氏家族故地)。传说因羊氏族人常在此饮马而得名，河畔立有“羊氏故里”标识。

羊氏家族墓（省级文物保护单位）

羊氏家族墓位于羊祜故里新泰市羊流镇。该地已考古发掘出多座魏晋时期墓葬，出土有带“羊”字铭文的青铜器、墓砖。墓主包括羊祜叔父羊耽、堂弟羊瑾等（羊祜本人葬于襄阳）。地表存封土堆及清代羊氏后人所立祭祀碑。部分出土文物藏于新泰市博物馆（如羊首铜尊、魏晋画像石）。

新泰的羊祜遗迹以纪念性和文化象征性为主，虽少魏晋实物，但通过地名、山水、祠庙、墓葬群，构建了完整的“羊祜文化记忆链”，印证了“新泰之名，因羊祜而永存”的历史地位。

2. 非物质文化遗产

山东梆子《羊祜改县》

该剧通过艺术化形式介绍了羊祜将平阳县改为新泰县的经过，展现了羊祜清廉爱民的形象和治理地方的智慧。

羊公祠春秋祭典

每年农历三月初三（羊祜诞辰）、九月初九（重阳节，呼应“堕泪碑”思贤传统），新泰羊公祠举行春秋祭奠，主要流程有诵读祭文（追述改名之功与清廉品格）、献太牢（古代最高祭祀规格）、民众献花等活动。羊公祠春秋祭典已经入选新泰市级非物质文化遗产，吸引周边县市羊氏后裔参与。

新泰剪纸

新泰剪纸中的主题纹样有“羊祜登新甫山”“双山（新甫山+泰山）拱卫”，体现了新泰人民对羊祜的纪念。

第六节　兵刑两尚书萧大亨

萧大亨（1532—1612），字夏卿，号岳峰，山东泰安州（今山东新泰）人。萧大亨官至兵部尚书兼刑部尚书，是万历朝辅弼重臣。萧大亨一生贯穿嘉靖、隆庆、万历三朝，在军事、司法、地方建设等领域均有卓越建树。

萧大亨幼年家贫，随其父迁至泰安城里，以卖豆腐为生，六岁入塾就读，十五岁时其父离世，家遇不幸，少年遭受孤苦之痛。萧大亨成年后，“长身伟貌，烨之有威”。明嘉靖四十一年（1562 年），会试后参加殿试，赐同进士出身，初授山西榆次知县。时值榆次连年灾荒，民众饥寒，流离失所。萧大亨张榜招抚流民，呈请发仓赈济，并力除时弊，改革赋税，受百姓拥戴。嘉靖四十三年（1564 年），萧大亨以政绩优异而升户部主事。离任榆次时，榆次“老幼攀辕泣下”。明嘉靖四十四年（1565 年），擢户部主事。翌年，升任户部陕西司郎中。之后，历任河南按察司佥事、陕西按察司佥事、山西布政司右参议。于边陲之地抚民备兵，参与督师出边，打败南侵的鞑靼敌军，并把握时机，达到“款贡”之礼，促成贡市。隆庆六年（1572 年），萧大亨因其母年老，上疏回籍终养。次年返乡途中，在离家五百里处，接到其母讣闻，便散发跣足兼程徒步，日行百余里赶回家中，守丧三年，内外称孝。服除，历任山西按察副使，山西右参政等职。明万历八年（1580 年），任宁夏巡抚。次年改任宣府巡抚，成为独当一面的封疆大吏。宣府靠近鞑靼政治中心，夷汉杂居，关系复杂。鞑靼哈不慎经常骚扰边民，萧大亨单骑出塞予以平息，使鞑靼服其威而无不从命。明万历十二年（1584 年），明廷为其加兵部右侍郎。明万历十七年（1589 年），擢升右都御史，总督宣府、大同、山西三镇。次年，鞑靼发生“洮河之变”，萧大亨上书指出：“今国家御虏，当以抚顺巢逆为长策。”他力排众议，反对妄开边衅，召会鞑靼酋长，责其背德之罪，鞑靼酋长谢罪望归，还洮河所掠人口。明万历二十年

（1592 年），宁夏将领勾结鞑靼反叛，为明军击破。萧大亨平叛有功，升任兵部尚书，太子太保。明万历二十三年（1595 年），就任刑部尚书，掌天下刑狱。明万历二十六年（1598 年），萧大亨在刑部任上兼理兵部事务。在日军侵犯朝鲜的战争中，萧大亨对日出击，日军溃败渡海而逃，朝鲜之役的战火终于熄灭。此后，萧大亨整饬北方防务，重申“知夷制夷”的战略思想。明万历三十二年（1604 年），授任兵部尚书，仍署刑部事务。倭寇南侵福建沿海，萧大亨严令闽省予以缉捕，打死俘获倭寇甚众。后又多次平息西南边陲兵端，安定西南。明万历三十四年（1606 年），罢刑部兼署，专掌兵部。萧大亨任兵、刑两部尚书 13 年。明万历三十六年（1608 年），卸任回归故里。明万历四十年（1612 年），卒于泰安府第，享年 81 岁。明万历四十四年（1616 年），朝廷为其追赠太傅。

一、主要事迹

1. 平叛宁夏鞑靼反叛

鞑靼土默特部首领俺答汗去世（1582 年）后，其子孙内斗，部落分裂，察哈尔部首领布延彻辰汗势力不断壮大，屡次南下劫掠。万历二十三年（1595 年）秋，布延汗联合多部，集结数万骑兵，兵分三路进犯明朝宣府、大同、山西等防线，意图突破长城，威胁京畿，主力直扑大同西路的水泉营（今山西偏关县西北），偏师进攻平虏卫（今山西朔州平鲁区）、马堡、瓦窑口等地，试图分散明军兵力。萧大亨实行坚壁清野策略，命令边境军民全部退入堡垒，焚毁野外粮草，切断鞑靼补给。亲率精兵驻守水泉营，依托长城关隘与火器优势布防。同时分派将领率骑兵在侧翼游击，截击分散的蒙古骑兵。当鞑靼主力猛攻水泉营时，明军凭借车阵（装载火器的战车）与深壕顽强抵抗。萧大亨指挥明军以火铳、佛郎机炮、火箭密集射击，压制蒙古骑兵冲锋。待鞑靼攻势受挫，明军精锐骑兵突然从侧翼杀出，与守军夹击敌军。激战一日，鞑靼死伤惨重，布延汗被迫撤退。明军乘胜追击，在平虏卫、马堡等地击溃鞑靼偏师。此役共斩首 680 余级（据《明神宗实录》），俘获战马、兵器无数，迫使鞑靼全线溃退。水泉营大捷重创布延汗主力，鞑靼此后十年未再发动大规模入侵，明朝北疆获得宝贵喘息期。万历帝为奖励萧大亨亲赐他白金、文绮进行嘉奖，并加封太子太保。1599 年万历帝又任萧大亨兵部尚书，全面执掌明朝军事。

萧大亨以文臣之身统兵，通过水泉营战役的军事胜利，在万历中叶维系了北疆稳定。史载“大亨在边十年，虏不敢犯，边人立祠以祀”。

2. 支持万历朝鲜战争击溃日军

丰臣秀吉统一日本后，野心勃勃，企图通过征服朝鲜进而进攻明朝。1592 年，日本军队迅速占领朝鲜的汉城、开城和平壤等重要城市，朝鲜国王向明朝求援。明朝出兵，李如松等将领率领明军抵达朝鲜后，迅速展开了一系列军事行动，取得了平壤大捷等关键胜利。战争期间，明军与日军进行了多次激战，包括碧蹄馆之战、露梁海战等，最终在 1598 年，丰臣秀吉去世，日军失去主将后士气低落，难以为继，遂从朝鲜半岛撤退。明朝和朝鲜联军取得胜利，保卫了朝鲜半岛的安全和稳定，巩固了中朝之间的友谊和合作关系。日本元气大伤，丰臣秀吉集团的势力被削弱。萧大亨作为兵部尚书，在战争期间（1599—1607 年）统筹全国军事后勤、战略决策及战后善后事务的处理。

战争期间，萧大亨虽未主管军事，但作为朝廷重臣积极参与廷议，支持增兵朝鲜。1597 年日军再侵，明廷争论是否二次出兵时，萧大亨主张对日本强硬反击，与主战派（如邢玠、杨镐）立场一致。协调户部、工部等部门保障前线粮饷军械，尤其在露梁海战前，督促南方各省调运火器、战船至朝鲜。1599 年，升任兵部尚书后，主持三大任务：安排 4 万明军分批次安全撤回辽东，并留部分军队驻扎朝鲜，协助朝鲜布防（如训练火器兵）。制定不纳贡、不封王、严控贸易原则，拒绝德川家康恢复勘合贸易的请求，强化海禁。重组辽东防线，防备日本卷土重来，迫使德川幕府放弃武力扩张。奏请皇帝减免朝鲜岁贡，助其战后恢复生产。朝鲜《宣祖实录》多次提及萧大亨作为明朝兵部首脑的职能，如万历二十七年（1599 年），朝鲜使臣李廷龟赴北京，向萧大亨递交谢恩表，感谢明军救援。

二、经济、文化贡献

1. 主持修筑齐长城新泰段

主持修筑齐长城新泰段（东起平顶山，西至雁翎关），全长 42 千米，设烽燧 12 座。创新设计双墙瓮城，主墙高 7 米，辅墙高 4 米，形成夹击通道（遗存见青云街道白马关）。

新泰地处鲁中丘陵，明后期匪患频发（如白莲教残余势力劫掠）。萧大亨致仕还乡后（1607 年），目睹故里盗起山壑，民避堡中（《新泰县志》），遂倡议修缮长城旧垒御匪。选择性加固关隘节点，总耗资约白银 8000 两（萧氏捐资过半）。为节省采运成本主张就地取材，利用坍塌的齐长城原石为主要材料。他还创造性地将城墙与乡民自建堡寨（如龙廷堡）连通，形成长城-堡寨联防网。

2. 经济振兴：推动新泰手工业革命

萧大亨于万历三十四年（1606 年）以工部尚书身份奏请开采山东小汶河铁矿（今泰安市宁阳县境内），万历三十五年（1607 年）获准开采，设矿工 1200 人，建水磨洗矿槽 40 座，年均产铁 29 万斤。这是明代晚期一次重要的官营矿业实践，虽然由于各种原因矿场于万历三十七年（1609 年）被勒令关闭，但也留下了宝贵的遗产，当时所采用的分级沉淀池技术，被清初《天工开物》收录，铁矿关停后，矿工流散山东各地，间接促成了清代山东章丘铁匠群体的崛起。

3. 将江南棉纺技术引入北方

萧大亨在任户部尚书（1599—1607 年）期间，为改善北方民生经济，主导将江南棉纺技术引入山东、北直隶（河北），推动黄河流域从棉花种植区向纺织区转型。他通过品种改良、技术推广、良种引进等措施促进了北方棉布的产量，仅山东一省，棉布年产量从 1600 年的不足 5 万匹迅速增至 1620 年的 80 万匹，占全国的份额也从 2%提升至 15%。这不仅促进了山东经济的发展，也改善了民生，每位农妇织布日均赚银 5 分，较卖棉收入（日 2 分）增加 150%，使山东十年无饥馑（《山东通志》）。萧大亨的棉纺技术移植本质是国家主导的产业革命，在经济上扭转了原料产地劣势，构建了北方棉布产业链，在技术上促成了南技北改的创新范式（如畜力纺车），为清初山东“鲁缟齐纨”的盛名奠定了基础。

三、思想传承：新泰文化的精神基因

萧大亨对新泰文化发展的影响是深层次、系统性的，他以兵部尚书的政治资源与儒家士大夫的文化自觉，通过制度设计、空间改造和教育渗透，将新泰从普通县城提升为鲁中文化高地。其影响跨越四个世纪至今未绝。萧大亨所体现的君子精神，是儒家理想人格在军政实践中的巅峰呈现，其核心在于“文能载道，武可安邦，心系苍生，功成不居”。这种精神既承袭孔孟之道，又在边关烽火中淬炼出独特锋芒。

1. 创设三圣祠

萧大亨于万历十三年（1585 年）任都察院右佥都御史巡抚宣府期间，在宣化府（今河北张家口）首创将管仲、鲍叔牙、高堂生三位齐鲁先贤整合祭祀的实践，史称

“三贤祠”。首次将管仲（齐文化）、鲍叔牙（商业伦理）、高堂生（礼学）整合祭祀，确立新泰义、利、礼三位一体的精神坐标。此举是明代边疆治理中首次将政治智慧（管鲍）、礼乐教化（高堂生）共同纳入戍边精神体系。三圣祠分为正殿、东庑和西庑。正殿设三贤等身彩塑（管仲持《管子》、鲍叔牙捧荐书、高堂生执《仪礼》），东庑绘“管仲屯田图”（开渠引水、军户耕织），西庑刻《鲍叔荐贤录》。萧大亨通过三圣祠的设置与祭祀活动的开展将管鲍精神符号化，当时戍卒称管仲为“财神”、鲍叔牙为“伯乐爷”，民间信仰至今留存于晋冀北部。把高堂生礼的精神传到山西等地，在边塞首次系统性传授《仪礼》，促成清代晋礼学派兴起。其孙萧时中（1613 年进士）于崇祯年间又在新泰仿宣府旧制建三圣祠，主祀管仲、鲍叔牙、柳下惠（替换高堂生）。

2. 修建青云桥

青云河（今新泰青云湖一带）横贯新泰南北，雨季洪水泛滥，枯水期乱石密布，百姓渡河需绕行数十里，商旅受阻，学童蹚水险象环生。当地老农曾苦诉“一担柴过河湿半担，卖价不及脚力钱”；学童因渡河误课，乡塾先生叹“河拦青云路，寒门难出头”。76 岁的萧大亨辞官归乡，目睹乡民涉水之艰，决定兴学修桥，造福桑梓。他出售京城宅邸、田产，捐银三千两，动员新泰当地乡绅捐银两千两。不顾年迈，亲自监工，每日拄杖至工地，严查石料质量，训诫工头：“桥基一寸虚，便是万家泪！”最后建成长 60 米、宽 5 米的九孔石拱桥。桥建成后，新泰成为鲁中商贸枢纽，每年集市从 10 场增至 30 场，县志载“车马络绎，夜不闭市”。河西村庄学童入学率增三成，万历四十年（1612 年）新泰中举人数创百年新高。原桥后因多年失修被毁，1958 年修建东周水库（现称青云湖），原青云河部分河道成为库区，青云桥遗址被湖水覆盖。据《新泰文物志》记载，清库时发现桥基青石构件，部分石料用于水库堤坝加固，桥体已无完整留存。目前新泰在青云湖西岸风景区重建九孔石桥，桥头立“萧公修桥”浮雕，铭刻历史故事。青云桥的建立促进了新泰文教事业的发展，1570—1600 年新泰进士数占泰安府总额的 53%（此前仅 11%）。

3. 创办汶南书院

明代新泰科举低迷，嘉靖年间全县仅 1 名举人，教育设施匮乏。萧大亨归乡后感叹：“汶水汤汤，文脉不昌；桑梓子弟，苦无问学之所。”（《萧氏族谱》）萧大亨深受儒家“致仕兴学”思想影响，效仿朱熹白鹿洞书院模式，于 1605—1608 年在新泰城南汶河之滨（今新泰市汶南镇驻地）建立汶南书院，取“汶水之南”为名，兼寓“文脉南来”之意。书院设立讲学区（明伦堂）、藏书区（汲古阁）、祭祀区（先贤祠）、生活区（青藜斋）四区。书院的建立对新泰的教育产生了深远的影响，万历后期至崇祯朝，新泰共出进士 5 人、举人 21 人（此前百年仅 3 举人）。清代新泰 8 进士中，牛运震、高汝樽等皆幼读于书院旧址私塾。清康熙七年（1668 年）郯城发生大地震，书院塌毁，后未重建。现存汶南书院界碑，收藏于新泰市博物馆，青云湖景区现仿建“汲古阁”藏书楼（内设书院历史展）。

四、文化遗存：从历史记忆到现代转化

1. 物质文化遗产

三圣祠遗址群

萧大亨将管仲（齐文化）、鲍叔牙（商业伦理）、高堂生（礼学）整合祭祀，史称“三贤祠”，确立新泰义、利、礼三位一体的精神坐标。三圣祠主祠遗址现位于新泰市青云街道，现存三圣祠碑（碑高 1.8 米，阳刻颜回、药师佛、吕洞宾像，颜回居中，碑阴刻捐资名录）、青石药碾槽（长 1.2 米，刻“药师慈济”铭文）、三圣签筒铜箍残件等。

萧氏书院遗存

萧氏书院，又称青阳书院。讲堂基址现位于羊流镇，包括残存柱础石 12 方，刻《颜子家训》节选，出土“青阳课士”砚台（砚背刻萧大亨印鉴）。

齐长城修缮工程遗迹

齐长城修缮工程遗迹，包含紫荆关段石墙和平阳堡联防墙。

紫荆关段石墙位于青云山北麓，混杂战国时代原石与明代补砌青砖，砖侧戳印“万历戊申修/萧”。平阳堡联防墙位于新泰城区，现残存 80 米夯土包石墙，嵌入清代《重修堡墙记》碑，墙记提及“肇自萧公”。

家族墓葬群

萧大亨家族墓葬群现存萧大亨墓神道石刻，文武翁仲、石马各一对（高 2.5 米），为山东最大规模明墓石刻群。御祭碑（天启二年立）载：三朝柱石，两部尚书。

2. 非物质文化遗产

三圣祭祀仪式

三圣祭祀仪式流程分为三部分：晨谒颜回，学子捧《论语》，诵“陋巷章”；午祭药师，医者献草药（黄芩、丹参等本地药材）；暮拜吕祖，道士舞剑祈福。新泰“青云山三圣春祭”于 2009 年被列入山东省级非遗。

改良农作技艺

口传萧氏棉纺三诀：一弹（去籽用弓弦）、二纺（脚车并三缕）、三浆（米汤增挺括）。今新泰“楼德粗布”仍沿用此法织成。

三圣庙会

三圣庙会每年农历三月廿八举行，现今庙会核心活动包括药市义诊（呼应药师佛信仰）、蒙童开笔（儿童以朱砂点额）、农具竞巧（展示改良犁耙）等三部分。

第八章
百家论君子

易经

1. 天行健，君子以自强不息。地势坤，君子以厚德载物。——《周易·乾卦》

2. 君子终日乾乾，夕惕若，厉无咎。——《周易·乾卦》

3. 君子安而不忘危，存而不忘亡，治而不忘乱，是以身安而国家可保也。——《周易·系辞下》

4. 君子敬以直内，义以方外。——《周易·坤卦·文言》

5. 君子以见善则迁，有过则改。——《周易·益·象传下》

6. 君子进德修业：忠信，所以进德也；修辞立其诚，所以居业也。——《周易·乾卦》

7. 君子之道，或出或处，或默或语，二人同心，其利断金，同心之言，其臭如兰。——《周易·系辞上》

8. 君子安其身而后动，易其心而后语，定其交而后求，君子修此三者，顾全也。危以动，则民不与也，惧以语则民不应也。无交而求则民不与也，莫之与，则伤之者至矣。——《周易·系辞下》

9. 言念君子，温其如玉。——《诗经·小戎》

10. 无信人之言，人实不信。——《诗经·郑风·扬之水》

老子与礼记

1. 兵者，不祥之器，非君子之器，不得已而用之，恬淡为上，胜而不美。——《老子》

2. 信言不美，美言不信。——《老子》

3. 君子尊德性而道问学，致广大而尽精微，极高明而道中庸。

——《礼记·中庸》

4. 诚者，自成也；而道，自道也。诚者，物之始终，不诚无物。是故君子诚之为贵。 ——《礼记·中庸》

5. 君子和而不流，强哉矫。中立而不倚，强哉矫。国有道，不变塞焉，强哉矫。国无道，至死不变，强哉矫。 ——《礼记·中庸》

6. 君子中庸，小人反中庸。 ——《礼记·中庸》

7. 君子之道，譬如行远必自迩，譬如登高必自卑。 ——《礼记·中庸》

8. 君子居易以俟命，小人行险以徼幸。 ——《礼记·中庸》

9. 君子贤其贤而亲其亲，小人乐其乐而利其利。 ——《礼记·大学》

10. 君子有大道，必忠信以得之，骄泰以失之。 ——《礼记·大学》

11. 君子乐得其道，小人乐得其欲。 ——《礼记·乐记》

12. 君子贵人而贱己，先人而后己。 ——《礼记·坊记》

13. 君子见利思辱。 ——《大戴礼记·曾子立事》

14. 君子义则有常，善则有邻。 ——《大戴礼记·曾子立事》

15. 君子好人之为善，而弗趣也；恶人之为不善，而弗疾也。

——《大戴礼记·曾子立事》

16. 君子慎始也。 ——《大戴礼记·保傅》

17. 与君子游，苾乎如入兰芷之室，久而不闻，则与之化矣；与小人游，贷乎如入鲍鱼之肆，久而不闻，则与之化矣。是故君子慎其所去就。

——《大戴礼记·曾子疾病》

论语

1. 人不知而不愠，不亦君子乎？ ——《论语·学而》

2. 君子务本，本立而道生。孝弟也者，其为仁之本与？ ——《论语·学而》

3. 君子食无求饱，居无求安，敏于事而慎于言，就有道而正焉，可谓好学也已。

——《论语·学而》

4. 子曰："君子不器。" ——《论语·为政》

5. 子贡问君子。子曰："先行其言，而后从之。" ——《论语·为政》

6. 子曰："君子周而不比，小人比而不周。" ——《论语·为政》

7. 子曰："君子无所争，必也射乎！揖让而升，下而饮，其争也君子。"

——《论语·八佾》

8. 子曰："君子欲讷于言而敏于行。" ——《论语·里仁》

9. 子曰："君子喻于义，小人喻于利。" ——《论语·里仁》

10. 子谓子产："君子之道有四焉：其行己也恭，其事上也敬，其养民也惠，其使民也义。" ——《论语·公冶长》

11. 子曰："君子博学于文，约之以礼，亦可以弗畔矣夫。"

——《论语·雍也》

12. 子曰："质胜文则野，文胜质则史。文质彬彬，然后君子。"

——《论语·雍也》

13. 子曰："圣人，吾不得而见之矣；得见君子者，斯可矣。"

——《论语·述而》

14. 子曰："君子坦荡荡，小人长戚戚。" ——《论语·述而》

15. 子欲居九夷。或曰："陋，如之何？"子曰："君子居之，何陋之有？"

——《论语·子罕》

16. 君子之德风，小人之德草；草上之风，必偃。 ——《论语·颜渊》

17. 司马牛问君子。子曰："君子不忧不惧。"曰："不忧不惧，斯谓之君子已乎？"子曰："内省不疚，夫何忧何惧？" ——《论语·颜渊》

18. 子曰："君子成人之美，不成人之恶。小人反是。" ——《论语·颜渊》

19. 子夏曰："……君子敬而无失，与人恭而有礼，四海之内皆兄弟也。君子何患乎无兄弟也？" ——《论语·颜渊》

20. 曾子曰："君子以文会友，以友辅仁。" ——《论语·颜渊》

21. 子曰："君子易事而难说也。说之不以道，不说也；及其使人也，器之。小人难事而易说也。说之虽不以道，说也；及其使人也，求备焉。"——《论语·子路》

22. 子曰："君子泰而不骄，小人骄而不泰。" ——《论语·子路》

23. 子曰："君子和而不同，小人同而不和。" ——《论语·子路》

24. 子路问君子。子曰："修己以敬。"曰："如斯而已乎？"曰："修己以安人。"曰："如斯而已乎？"曰："修己以安百姓。修己以安百姓，尧、舜其犹病诸！"

——《论语·宪问》

25. 子曰："君子耻其言而过其行。" ——《论语·宪问》

26. 子曰："君子道者三，我无能焉：仁者不忧，知者不惑，勇者不惧。"

——《论语·宪问》

27. 子曰："君子谋道不谋食，耕也，馁在其中矣；学也，禄在其中矣。君子忧

道不忧食。” ——《论语·卫灵公》

28. 子曰：“君子病无能焉，不病人之不已知也。” ——《论语·卫灵公》

29. 子曰：“君子求诸己，小人求诸人。” ——《论语·卫灵公》

30. 子曰：“君子不以言举人，不以人废言。” ——《论语·卫灵公》

31. 君子固穷，小人穷斯滥矣。 ——《论语·卫灵公》

32. 子曰：“君子义以为质，礼以行之，孙以出之、信以成之。君子哉！” ——《论语·卫灵公》

33. 子曰：“君子矜而不争，群而不党。” ——《论语·卫灵公》

34. 子曰：“君子有三戒：少之时，血气未定，戒之在色；及其壮也，血气方刚，戒之在斗；及其老也，血气既衰，戒之在得。” ——《论语·季氏》

35. 孔子曰：“君子有三畏：畏天命，畏大人，畏圣人之言。” ——《论语·季氏》

36. 孔子曰：“君子有九思：视思明，听思聪，色思温。貌思恭，言思忠，事思敬，疑思问，忿思难，见得思义。” ——《论语·季氏》

37. 子路曰：“君子尚勇乎？”子曰：“君子义以为上，君子有勇而无义为乱，小人有勇而无义为盗。” ——《论语·阳货》

38. 子夏曰：“百工居肆以成其事，君子学以致其道。” ——《论语·子张》

39. 子夏曰：“君子有三变：望之俨然，即之也温，听其言也厉。” ——《论语·子张》

40. 子贡曰：“君子之过也，如日月之食焉：过也，人皆见之；更也，人皆仰之。” ——《论语·子张》

41. “与朋友交，言而有信。” ——《论语·学而》

42. “以四教：文、行、忠、信。” ——《论语·述而》

43. “信近于义，言可复也。” ——《论语·学而》

孟子

1. 君子莫大乎与人为善。 ——《孟子·公孙丑上》

2. 孟子曰：“伯夷隘，柳下惠不恭。隘与不恭，君子不由也。” ——《孟子·公孙丑上》

3. 君子不怨天，不尤人。 ——《孟子·公孙丑下》

4. 焉有君子而可以货取乎？ ——《孟子·公孙丑下》

5. 故声闻过情，君子耻之。——《孟子·离娄下》

6. 君子有终身之忧，无一朝之患也。——《孟子·离娄下》

7. 孟子曰："君子所以异于人者，以其存心也。君子以仁存心，以礼存心。仁者爱人，有礼者敬人。爱人者人恒爱之，敬人者人恒敬之。"——《孟子·离娄下》

8. 孟子曰："君子深造之以道，欲其自得之也。得之则居之安，居之安则资之深，资之深则取之左右逢其原。故君子欲其自得之也。"——《孟子·离娄下》

9. 君子不亮，恶乎执？——《孟子·告子下》

10. 君子所性，虽大行不加焉，虽穷居不损焉，分定故也。

——《孟子·尽心上》

11. 孟子曰："大匠不为拙工改废绳墨，羿不为拙射变其彀率。君子引而不发，跃如也。中道而立，能者从之。"——《孟子·尽心上》

12. 孟子曰："君子有三乐，而王天下不与存焉。父母俱存，兄弟无故，一乐也；仰不愧于天，俯不怍于人，二乐也；得天下英才而教育之，三乐也。"

——《孟子·尽心上》

13. 孟子曰："言近而指远者，善言也；守约而施博者，善道也。君子之言也，不下带而道存焉；君子之守，修其身而天下平。"——《孟子·尽心下》

14. 孟子："诚者，天之道也；思诚者，人之道也。"——《孟子·离娄上》

荀子

1. 古之学者为己，今之学者为人。君子之学也，以美其身；小人之学也，以为禽犊。——《荀子·劝学》

2. 法不能独立，类不能自行，得其人则存，失其人则亡。法者，治之端也；君子者，法之原也。——《荀子·君道》

3. 君子生非异也，善假于物也。——《荀子·劝学》

4. 君子敬始而慎终，终始如一，是君子之道，礼义之文也。——《荀子·礼论》

5. 义之所在，不倾于权，不顾其利，举国而与之不为改视，重死持义而不挠，是士君子之勇也。——《荀子·荣辱》

6. 不诱于誉，不恐于诽，率道而行，端然正己，不为物倾侧，夫是之谓诚君子。

——《荀子·非十二子》

7. 君子能为可贵，不能使人必贵己；能为可用，不能使人必为己。

——《荀子·大略》

8. 君子崇人之德，扬人之美，非谄谀也；正义直指，举人之过，非毁疵也；言己之光美，拟于舜、禹，参于天地，非夸诞也。——《荀子·不苟》

9. 君子之求利也略，其远害也早，其避辱也惧，其行道也勇。

——《荀子·修身》

10. 君子行不贵苟难，说不贵苟察，名不贵苟传，唯其当之为贵。

——《荀子·不苟》

11. 多知而无亲，博学而无方，好多而无定者，君子不与。——《荀子·大略》

12. 君子博学而日参省乎己，则知明而行无过矣。——《荀子·劝学》

13. 君子居必择乡，游必就士，所以防邪僻而近中正也。——《荀子·劝学》

14. 君子不傲、不隐、不瞽，谨顺其身。——《荀子·劝学》

15. 君子之言，涉然而精，俛然而类，差差然而齐。——《荀子·正名》

16. 君子养心莫善于诚，致诚则无他事矣，唯仁之为守，唯义之为行。

——《荀子·不苟》

17. 天地为大矣，不诚则不能化万物；圣人为知矣，不诚则不能化万民；父子为亲矣，不诚则疏；君上为尊矣，不诚则卑。夫诚者，君子之所守也，而政事之本也。——《荀子·不苟》

18. 君子耻不修，不耻见污；耻不信，不耻不见信；耻不能，不耻不见用。是以不诱于誉，不感于诽，率道而行，端然正己，不为物倾侧，夫是之谓诚君子。

——《荀子·非十二子》

19. 君子挈其身而同焉者合矣，善其言而类焉者应矣。此马鸣而马应之，牛鸣而牛应之，非知也，其势然也。——《荀子·不苟》

20. 术正而心顺之，则形相虽恶而心术善，无害为君子也；形相虽善而心术恶，无害为小人也。君子之谓吉、小人之谓凶。——《荀子·非相》

21. 耻不信，不耻不见信。——《荀子·非十二子》

先秦杂家

1. 君子之言，信而有征。——《左传·昭公八年》

2. 人之有学也，犹木之有枝叶也。木有枝叶，犹庇荫人，而况君子之学乎？

——《国语·晋语九》

3. 君子食于道，小人食于力。君子食于道，则上尊而民顺；小人食于力，则财

厚而养足。——《管子·法法》

4. 鲍叔，君子也。千乘之国，不以其道予之，不受也。虽然，不可以为政。其为人也，好善而恶恶已甚，见一恶，终身不忘。——《管子·戒》

5. 君子使物，不为物使。——《管子·内业》

6. 宁过于君子，而毋失于小人。过于君子，其为怨浅；失于小人，其为祸深。——《管子·立政》

7. 君子日汲汲以成辉，小人日怏怏以至辱。——《文子·上德》

8. 君子以行言，小人以舌言。——《孔子家语·颜回篇》

9. 君子不镜于水，而镜于人。镜于水，见面之容；镜于人，则知吉与凶。——《墨子·非攻》

10. 君子之道也，贫则见廉，富则见义，生则见爱，死则见哀。——《墨子·修身》

11. 君子不以所以养害其所养。——《列子·说符》

12. 利害不通，非君子也。——《庄子·大宗师》

13. 君子之交淡若水，小人之交甘若醴；君子淡以亲，小人甘以绝。——《庄子·山木》

14. 礼为情貌者也，文为质饰者也。夫君子取情而去貌，好质而恶饰。——《韩非子·解老》

15. 君子不蔽人之美，不言人之恶。——《韩非子·内储说上》

两汉

1. 君子有二耻：国无道而贵，耻也；国有道而贱，耻也。——《列女传·柳下惠妻》

2. 君子外宽而内直。——《韩诗外传》

3. 君子不避外难。——（西汉）董仲舒《春秋繁露》

4. 君子曰：“美言可以市尊，美行可以加人。”——《淮南子·人间训》

5. 身君子之言，信也；中君子之意，忠也。忠信形于内，感动应于外。——《淮南子·缪称训》

6. 君子修美，虽未有利，福将在后至。——《淮南子·修务训》

7. 君子义死，而不可以富贵留也；义为，而不可以死亡恐也。——《淮南子·精神训》

8. 君子非仁义无以生，失仁义，则失其所以生；小人非嗜欲无以活，失嗜欲，则失其所以活。故君子惧失仁义，小人惧失利。观其所惧，知各殊矣。

——《淮南子·缪称训》

9. 君子不乘人于利，不迫人手推。 ——《淮南子·道应训》

10. 君子所贵乎道者三：太上立德，其次立言，其次立功。

——（西汉）司马迁《与挚峻书》

11. 君子得其时则驾，不得其时则蓬累而行。 ——《史记·老子韩非列传》

12. 敦厚慈孝，讷于言，敏于行，务在鞠躬，君子长者，

——《史记·太史公自序》

13. 君子诎于不知己而信于知己者。 ——《史记·管晏列传》

14. 君子不困人于阨，不鼓不成列。 ——《史记·宋微子世家》

15. 国之将兴，必有祯祥，君子用而小人退。国之将亡，贤人隐，乱臣贵。

——《史记·楚元王世家》

16. 君子以义死难，视死如归。 ——《史记·范雎蔡泽列传》

17. 君子不以私害公。 ——（西汉）刘向《新序》

18. 公生明，偏生暗；端悫生达，诈伪生塞；诚信生神、夸诞生惑。此六者，君子之所慎也。 ——（西汉）刘向《说苑·至公》

19. 君子不以安肆志，不为危易行。 ——（西汉）刘向《新序》

20. 天不为人之恶寒而辍其冬，地不为人之恶险而辍其广，君子不为小人之匈匈而易其行。 ——（西汉）东方朔《答客难》

21. 君子进必以道，退不失义。 ——（西汉）桓宽《盐铁论·非鞅》

22. 山陵不让椒跬，以成其崇。君子不辞负薪之言，以广其名。故多见者博，多闻者知，距谏者塞，专已者孤。故谋及下者无失策，举及众者无顿功。

——（西汉）桓宽《盐铁论·刺义》

23. 君子不妄，有生者必有死，有始者必有终，自然之道也。君子忠人，况已乎？小人欺已，况人乎？ ——（西汉）杨雄《法言·君子篇》

24. 君子好人之好，而忘己之好；小人好己之恶，而忘人之好。

——（西汉）扬雄《法言·君子篇》

25. 君子得时则大行，不得时则龙蛇；遇不遇命也，何必湛身哉！

——《汉书·扬雄传》

26. 修身者，智之府也；爱施者，仁之端也；取予者，义之符也；耻辱者，勇之决也；立名者，行之极士有此五者，然后可以托于世，列于君子之林矣。

——《汉书·司马迁传》

27. 常玉不瑑，不成文章；君子不学，不成其德。——《汉书·董仲舒传》

28. 君子独处守正，不桡众枉。——《汉书·刘向传》

29. 君子任职则思利人，达上则思进贤，故居上而下不怨，在前而后不恨也。

——（东汉）王符《潜夫论·忠贵》

30. 君子之所贵者，迁善惧其不及，改恶恐其有馀。

——（东汉）徐幹《中论·虚道》

31. 屈己敬人，君子之心。——（东汉）班固《白虎通义·礼乐》

32. 君子之于爵禄也，有所辞，有所不辞。——（东汉）王冲《论衡·刺孟》

33. 君子不为无益之事，不履辱身之行。——（东汉）王冲《论衡·知实》

34. 君子不恤年之将衰，而忧志之有倦。——（东汉）徐幹《中论·修本第三》

35. 大人不华，君子务实。——（东汉）王符《潜夫论·叙录》

三国、两晋、南北朝

1. 君子之行，静以修身，俭以养德。非澹泊无以明志，非宁静无以致远。

——（三国）诸葛亮《诫子书》

2. 海产明珠，所在为宝。楚虽有才，晋实用之。英伟君子，所游见珍，何必本州哉？——《三国志·张维传》

3. 君子示其短，不示其长。——（晋）杜预《守弱学》

4. 君子不怨小人，怨天也。——（晋）杜预《守弱学》

5. 君子可恕，其心善焉。小人可恕，其情殆焉。不恕者惟事也。

——（晋）杜预《守弱学》

6. 君子不惧死，而畏无礼。小人可欺天，而避实祸。——（晋）杜预《守弱学》

7. 锯牙之兽，虽低伏而见惮；挥斧之虫，虽诠形而不威。故君子被褐，穷而不可轻；小人轩冕，达而不足重。——《抱朴子外篇·博喻》

8. 入帷幄之中，参庙堂之上，不能为主尽规以谋社稷，君子所耻也。

——（北齐）颜之推《颜氏家训》

9. 以小人之虑，度君子之心。——《世说新语·雅量》

10. 君子仕不为己，职思其忧，岂以久近而异其度哉？

——《后汉书·文苑列传》

11. 夫君子非不欲仕也，耻夸毗以求举；非不欲室也，恶登墙而搂处。

——《后汉书·崔骃列传》

12. 君子不患位之不尊，而患德之不崇；不耻禄之不夥，而耻智之不博。是故艺可学，而行可力也。——《后汉书·张衡列传》

13. 君子推微达著，寻端见绪，履霜知冰，路露知暑。时行则行，时止则止，消息盈冲，取诸天纪。——《后汉书·蔡邕列传》

14. 君子以宴安为鸩毒，富贵为不幸。故溺于情者忘月满之亏，在乎道者知日损之为贵。——《金楼子·立言篇》

15. 君子无邑邑于穷，无匆匆于贱。誉之而不加劝，非之而不加沮。定外内之分，夷荣辱之心。立不易方，斯有恒也。——《金楼子·立言篇》

隋唐时期

1. 过而不文，犯而不校，有功而不伐，君子人哉。

——（隋）王通《中说·天地篇》

2. 君子不受虚誉，不祈妄福，不避死义。——（隋）王通《中说·礼乐篇》

3. 众见其利者，非利也。众见其害者，或利也。君子重义轻利，小人嗜利远信，利御小人而莫御君子矣。——（隋）王通《止学》

4. 势莫加君子，德休与小人。君子势不于力也，力尽而势亡焉。小人势不惠人也，趋之必祸焉。——（隋）王通《止学》

5. 忠臣不表其功，窃功者必奸也。君子堪隐人恶，谤贤者固小人矣。

——（隋）王通《止学》

6. 君子不念旧恶，旧恶害德也。小人存隙必报，必报自毁也。

——（隋）王通《止学》

7. 君子安贫，达人知命。——（唐）王勃《滕王阁序》

8. 愿君学长松，慎勿作桃李。受屈不改心，然后知君子。

——（唐）李白《赠书侍御黄裳二首》

9. 汝若全德，必忠必直汝若全行，必方必正。终身如此，可谓君子。

——（唐）无结《自箴》

10. 言出于口，结于心。守以不移，以立其身。此君君子之信也。

——（唐）武则天《臣轨·诚信章》

11. 虽有仁智，必以诚信为本。故以诚信为本者，谓之君子；以诈伪为本者，谓之小人。君子虽殒，善名不减；小人虽贵，恶名不除。

——（唐）武则天《臣轨·诚信章》

12. 君子修身，莫善于诚信。——（唐）武则天《臣轨·诚信章》

13. 君子敌小人，亦小人也。小人友君子，亦君子也。

——（唐）来俊臣《罗织经》

14. 君子临大节而不可夺也。——（唐）吴兢《贞观政要·求谏》

15. 言语者，君子之枢机，谈何容易。——（唐）吴兢《贞观政要·慎言》

16. 君子小人，貌同心异。君子掩人之恶，扬人之善，临难无苟免，杀身以成仁。小人不耻不仁，不畏不义，唯利之所在，危人自安。

——（唐）吴兢《贞观政要·论诚信》

17. 古之君子，其责己也重以周，其待人也轻以约。重以周，故不怠；轻以约，故人乐为善。——（唐）韩愈《原毁》

18. 君子不堪辱其志，小人不堪坏其身。——（五代）冯道《小人经》

19. 君子言心，小人攻心，其道不同，其效自异哉。

——（五代）冯道《小人经》

20. 君子困不惑人，小人达则背主，伪之故，非困达也。

——（五代）冯道《小人经》

21. 子曰："君子坦荡荡，小人长戚戚。"雅量之有无，以别君子与小人，贤与不肖者也，而为仕者尤重之。——（五代）冯道《仕经》

宋元时期

1. 君子不道虚言，实则逆耳。——（宋）晏殊《解厄鉴》

2. 君子修身，避祸也。——（宋）晏殊《解厄鉴）

3. 君子亦怨，不误其事。——（宋）晏殊《解厄鉴》

4. 君子改过，小人饰非；改过终悟，饰非终迷；终悟福至，终迷祸归。

——（宋）邵雍《迷悟吟》

5. 古之君子爱其人也则忧其无成。——（宋）苏洵《上富丞相书》

6. 君子挟才以为善，小人挟才以为恶。——（宋）司马光《资治通鉴》

7. 君子可以寓意于物，而不可以留意于物。寓意于物，虽微物足以为乐，虽尤物不足以为病。留意于物，虽微物足以为病，虽尤物不足以为乐。

——（宋）苏轼《宝绘堂记》

8. 君子之于善也，如好好色；其于不善也，如恶恶臭，岂复临事而后思，计议

其美恶，而避就之哉！——（宋）苏轼《思堂记》

9. 君子为国，正其纲纪，治其法度。——（宋）苏辙《断论下》

10. 君子莫大于学，莫害于画，莫病于自足，莫罪于自弃。

——（宋）晁说之《晁氏客语》

11. 君子有宰天下之心，裁之自亲始；君子有善万世之心，行之自身始。

——（宋）胡宏《知言·仲尼》

12. 君子小人趣向不同，公私之间而已。——（宋）朱熹《四书章句集注》

13. 君子于细事未必可观，而材德足以任重；小人虽气量浅狭，而未必无一长可取。——（宋）朱熹《四书章句集注》

14. 古之君子如抱美玉而深藏不市，后之人则以石为玉而又炫之也。

——（宋）朱熹《朱子语类》

15. 君子修其身于暗室屋漏之地，而声流于四方万里之外，亦岂所愿哉？

——（元）欧阳玄《芳林记》

明朝

1. 一年之劳为数十年之利，十年之劳为数百年之利者，君子为之。君子之为利，利人；小人之为利，利己。——（明）方孝孺《杂诫》

2. 君子浩然之气，不胜其大；小人自满之气，不胜其小。

——（明）薛瑄《读书录》

3. 君子之精神命脉存乎言，考言而责实存乎德。故言也者，德之华也，不可伪也。——（明）王崇庆《海樵子》

4. 祸福无常，惟人自招。祸由己作，当由己承。嫁祸于人，君子不为也。

——（明）杨慎《韬晦术》

5. 君子养晦，用发其光；小人养晦，冀逞凶顽。晦虽为一，秉心不同。至若美人遭嫉，英雄多难，非养晦何以存身？——（明）杨慎《韬晦术》

6. 或曰："'君子以自强不息'，何用晦为？"此言虽佳，然失之于偏。

——（明）杨慎《韬晦术》

7. 厌诈而行实，固君子之本色；昧诈而堕谋，亦取讥于当世。是以君子不喜诈谋，亦不可不知诈之为谋。——（明）杨慎《韬晦术》

8. 君子谋国，而小人谋身。谋国者，先忧天下；谋己者，先利自身。盖智者所图者远，所谋者深。惟其深远，方能顺天应人。——（明）张居正《权谋书》

9. 贤者立而国兴，小人立而邦危，有国者宜详审之。故小人宜务去，而君子宜务进。
——（明）张居正《权谋书》

10. 君子虽不过信人，君子断不过疑人。 ——（明）陈继儒《小窗幽记》

11. 君子处身，宁人负己，己无负人；小人处事，宁己负人，无人负己。
——（明）陈继儒《小窗幽记》

12. 君子于人，当于有过中求无过，不当于无过中求有过。而责己当反是。
——（明）陈继儒《小窗幽记》

13. 士君子尽心利济，使海内少他不得，则天亦自然少他不得，即此便是立命。
——（明）陈继儒《小窗幽记》

14. 苍蝇附骥，捷则捷矣，难辞处后之羞。茑萝依松，高则高矣，未免仰扳之耻。所以君子宁以风霜自挟，毋为鱼鸟亲人。 ——（明）陈继儒《小窗幽记》

15. 强项者未必为穷之路，屈膝者未必为通之媒。故铜头铁面，君子落得做个君子；奴颜婢膝，小人枉自做了小人。 ——（明）陈继儒《小窗幽记》

16. 要知自家是君子小人，只须五更头检点，思想的是什么便得。
——（明）陈继儒《小窗幽记》

17. 积山丘之善，尚未为君子；贪丝毫之利，便陷于小人。
——（明）陈继儒《小窗幽记》

18. 君子不傲人以不如，不疑人以不肖。 ——（明）陈继儒《小窗幽记》

19. 君子有三惜：此生不学，一可惜；此日闲过，二可惜；此身一败，三可惜。
——（明）陈继儒《小窗幽记》

20. 执拗者福轻，而圆融之人其禄必厚；操切者寿夭，而宽厚之士其年必长。故君子不言命，养性即所以立命；亦不言天，尽人自可以回天。
——（明）陈继儒《小窗幽记》

21. 古之君子，行无友，则友松竹；居无友，则友云山。余无友，则友古之友松竹、友云山者。 ——（明）陈继儒《小窗幽记》

22. 君子之有道，入暗室而不欺，同至人之无迹，怀明义以应时。
——（明）陈继儒《小窗幽记》

23. 君子无所争，争非美德也。然遇朝廷大利害则宜争，遇纲常大关系则宜争，遇学术邪正大主脑则宜争。争而出于无为而为之心，争而不争也。上殿如虎，不失和气，是谓君子。 ——（明）方大镇《宁澹语》

24. 不可以一时之誉，断其为君子；不可以一时之谤，断其为小人。
——（明）冯梦龙《警世通言》

25. 君子于一虫一蚁不忍伤残，一缕一丝勿容贪冒，使可为万物主命、失地立心矣。——（明）洪应明《菜根谭》

26. 休与小人仇雠，小人自有对头；休向君子谄媚，君子原无私惠。

——（明）洪应明《菜根谭》

27. 宁为小人所忌毁，毋为小人所媚悦；宁为君子所责备，毋为君子所包容。

——（明）洪应明《菜根谭》

28. 君子处患难而不忧，当宴游而惕虑；遇权豪而不惧，对茕独而惊心。

——（明）洪应明《菜根谭》

29. 涉世浅，点染亦浅；历事深、机械亦深。故君子与其练达，不若朴鲁；与其曲谨，不若疏狂。——（明）洪应明《菜根谭》

30. 待小人不难于严，而难于不恶；待君子不难于不恭，而难于有礼。

——（明）洪应明《菜根谭》

31. 十语九中，未必称奇，一语不中，则愆尤骈集；十谋九成，未必归功，一谋不成，则訾议丛兴。君子所以宁默毋躁，宁拙毋巧。——（明）洪应明《菜根谭》

32. 澹泊之士，必为浓艳者所疑；检饰之人，必为放肆者所忌。君子处此，故不可稍变其操履，亦不可太露其锋芒。——（明）洪应明《菜根谭》

33. 君子之心事，天青日白，不可使人不知；君子之才华，玉韫珠藏，不可使人易知。——（明）洪应明《菜根谭》

34. 众人以顺境为乐，而君子乐自逆境中来；众人以拂意为忧，而君子忧从快意处起。盖众人忧乐以情、而君子忧乐以理也。——（明）洪应明《菜根谭》

35. 春至时和，花尚铺一段好色，鸟且啭几句好音。士君子幸列头角，复遇温饱，不思立好言，行好事，虽是在世百年，恰似未生一日。

——（明）洪应明《菜根谭》

36. 士君子，贫不能济物者，遇人痴迷处，出一言提醒之；遇人急难处，出一言解救之，亦是无量功德。——（明）洪应明《菜根谭》

37. 地之秽者多生物，水之清者常无鱼。故君子当存含垢纳污之量，不可持好洁独行之操。——（明）洪应明《菜根谭》

38. 山之高峻处无木，而溪谷回环则草木丛生；水之湍急处无鱼，而渊潭停蓄则鱼鳖聚集。此高绝之行，褊急之衷，君子重有戒焉。

——（明）洪应明《菜根谭》

39. 好丑心太明，则物不契；贤愚心太明，则人不亲。士君子须是内精明而外浑厚，使好丑两得其平，贤愚共受其益，才是生成的德量。

——（明）洪应明《菜根谭》

40. 天地寂然不动，而气机无息稍停；日月昼夜奔驰，而贞明万古不易。故君子闲时要有吃紧的心思，忙处要有悠闲的趣味。 ——（明）洪应明《菜根谭》

41. 君子不可不抱身心之忧，亦不可不耽风月之趣。

——（明）洪应明《菜根谭》

42. 君子宜净拭冷眼，慎勿轻动刚肠。 ——（明）洪应明《菜根谭》

43. 风来疏竹，风过而竹不留声；雁渡寒潭，雁去而潭不留影。故君子事来而心始现，事去而心随空。 ——（明）洪应明《菜根谭》

44. 士君子持身不可轻，轻则物能挠我，而无悠闲镇定之趣；用意不可重，重则我为物泥，而无潇洒活泼之机。 ——（明）洪应明《菜根谭》

45. 标节义者，必以节义受谤；标道学者，常因道学招尤。故君子不近恶事，亦不立善名，只浑然和气，才是居身之珍。 ——（明）洪应明《菜根谭》

46. 鹰立如睡，虎行似病，正是它攫人噬人手段处。故君子要聪明不露，才华不逞，才有肩鸿任钜的力量。 ——（明）洪应明《菜根谭》

47. 君子而诈善，无异小人之肆恶；君子而改节，不若小人之自新。

——（明）洪应明《菜根谭》

48. 彼富我仁，彼爵我义，君子固不为君相所牢笼；人定胜天，志一动气，君子亦不受造化之陶铸。 ——（明）洪应明《菜根谭》

49. 肝受病则目不能视，肾受病则耳不能听。病受于人所不见，必发于人所共见。故君子欲无得罪于昭昭，先无得罪于冥冥。 ——（明）洪应明《菜根谭》

50. 贫家净扫地，贫女净梳头，景色虽不艳丽，气度自是风雅。士君子一当穷愁寥落，奈何辄自废弛哉！ ——（明）洪应明《菜根谭》

51. 天之机缄不测，抑而伸，伸而抑，皆是播弄英雄、颠倒豪杰处。君子只是逆来顺受，居安思危，天亦无所用其伎俩矣。 ——（明）洪应明《菜根谭》

52. 衰飒的景象，就在盛满中；发生的机缄，即在零落内。故君子居安宜操一心以虑患，处变当坚百忍以图成。 ——（明）洪应明《菜根谭》

53. 贤人君子……要以其身为天下重。 ——（明）蒋臣《辜太翁双寿序》

54. 君子药石也、小人美疾也；君子必劲而苦，小人必歌而甘。

——（明）方以智《向言》

清朝

1. 君子常行胜言，小人常言胜行。 ——《宋元学案》

2. 君子诲人不倦，而师道必严。 ——（清）王夫之《周易内传·蒙》

3. 君子为学，以明道也，以救世也。徒以诗文而已，所谓雕虫篆刻，亦何益哉。

——（清）顾炎武《与人书二十五》

4. 盖天下有天下之君子、小人，吾心有吾心之君子、小人；吾心之小人未能尽去，而天下之小人遂缘之而起。 ——（清）方孝标《蜀雒党论》

5.《书》曰："有言逆于汝志，必求诸道；有言逊于汝志，必求诸非道。"故小人之所谓逆，君子之所谓道也。 ——（清）方孝标《冒辟疆诗文二刻序》

6. 君子处事也，甘恶衣粗食，甘艰苦劳动，斯可以无失矣。

——（清）颜元《颜李遗书·颜习斋先生年谱》

7. 大抵天下君子寡，小人多。君子刚，小人柔。君子疏，小人密。君子难进，小人易亲。君子畏名义，小人嗜利便。真如冰炭之不同器，薰莸之不同味。

——（清）张英《书经衷论·冏命》

8. 君子知天下原有此不期然而然者，一切听之子自然，而不以纷扰其纯诚精一之心，则所谓无妄者。乃真无妄矣。 ——（清）张英《易经衷论·无妄》

9. 君子体仁足以长人，又曰"宽以居之"。治体以宽为主，而济之以严。

——（清）张英《张英全书》

10. 君子留心天下必为有用之学。故凡关于国计民生者，未尝不考索于暇日。

——（清）方中履《方物纪序》

11. 患难颠沛，人生之至不幸。然古之君子，往往用以验其所学，适足为道德文章之资。

——（清）方中履《蓼虫吟序》

12. 傲骨不可无，傲心不可有。无傲骨则近于鄙夫，有傲心不得为君子。

——（清）张潮《幽梦影》

13. 古之君子自待厚而不欺其志。 ——（清）方苞《徐蝶园诗集序》

14. 曾子曰："可以托六尺之孤，可以寄百里之命，临大节而不可夺也。"是三者，贤人君子之所难。 ——（清）方苞《蒋母七十寿序》

15. 君子之为学也，深其功，识犹患浅；抗其志，行犹患卑。

——（清）方苞《书高密单生追远考轨遗事后》

16. 君子之立身也，非比类不足以成其行。一出焉，一入焉，途巷之人也。学也者，务一也。其事必始于慎独，而终于独立不惧，遁世无闷，匪是而能一之界鲜矣。 ——（清）方苞《送钟励暇宁亲宿迁序》

17. 盖有道君子，重其人则责之倍严。 ——（清）方苞《与万季野先生书》

18. 凡所谓清议者，皆忠于君利于民之言也。而忠于君利于民，未有不害于小人之私计者，故小人不约而同仇。……由是忠良危死于非罪，而无道可以自明。故君子之有清议，不独在位小人嫉之，即未进之小人亦嫉之。

——（清）方苞《书杨维斗先生传后》

19. 君子之学，苟既成而不用于其身，则其用必更有远且大者。

——（清）方苞《储礼执文稿序》

20. 程子谓“于国家大事，知而不言，为名教罪人”。盖古之君子于夙所爱敬，则责之倍严，忠之至，厚之至也。——（清）方苞《答某公书》

21. 古之君子功不必自己成，谋不必自己出，惟期分国之忧，除民之患耳。

——（清）方苞《与顾用方论治浑河事宜书》

22. 居家孝，临财廉，磊磊落落，君子人也。

——（清）张廷玉《赠中议大夫梅君传》

23. 士君子遭遇明时，得位行道，必有利济之能，报称之实，进退无愧，而后可为完人。——（清）张廷玉《送都御史石湖杨公予告归里序》

24. 故君子之用心，必将使人知族人之咸本于一气，则孝弟亲睦之意，油然自生。而婚姻洽比之风，因之可以渐及由一家以推于一乡，由一乡以推于天下。风俗之美，教化之成，未尝不由于是。此谱牒之设所为深有功于世道，而君子详慎之不敢忽也。——（清）张廷玉《王氏族谱序》

25. 兰芳不厌谷幽，君子不为名修。——（清）陈宏谋《养正遗规》

26. 其行不羁，绝去矫饰，远荣利，安贫素，有君子之介。

——（清）姚鼐《赠陈伯思序》

27. 因推明其旨，将以扶正道率后贤，是可谓君子之为学矣。

——（清）姚鼐《礼部员外郎怀宁汪君墓志铭头序》

28. 君子所贵，为善而已。

——（清）姚鼐《明赠大常卿山东左布政使张公祠碑文并序》

29. 上承天子之命，有抚安众逵庶之绩；下立身行己，有清慎之修。其所孜孜而为者，君子之事也；津津而言者，君子之言也。——（清）姚鼐《稼门集序》

30. 古之君子，仕非苟焉而已，将度其志可行于时，其道可济于众。

——（清）姚鼐《复张君书》

31. 君子气足才满，可以践行，可以全身。

——（清）方正瑗《关西讲堂客问 • 修身》

32. 君子择而后交，小人交而后择。故君子之交不轻合而轻离，小人之交恒乍欢而乍怨。君子有交，小人无交。——（清）方正瑗《关西讲堂客问 • 择交》

33. 著书立论，必出于不得已而有言，而后其言当，敷衍流宕，放言高论，取

快一时。其言信，其言有用。故君子之言，达事理而止，不为敷衍流宕，放言高论，取快一时。——（清）方东树《著书必有宗旨》

34. 君子之学必好问。问与学，相辅而行者也，非学无以致疑，非问无以广识。——（清）刘开《问说》

35. 君子之养锋蓄锐，其于精神意气，用其方新，不用于既盛，而况于垂竭乎？——（清）刘开《樵者传》

36. 君子之为善，贵乎有止也。为仁止于爱，为义止于宜，为礼止于敬，为智止于知。——（清）姚莹《刍言》

37. 君子不要福，故无祸矣；不求利，故无害矣；不广恩，故无怨矣；不敢誉，故无毁矣。——（清）姚莹《刍言》

38. 太平之世，正气常伸，邪气常伏，君子犹惧邪气之潜进也。——（清）姚莹《与潘河帅书》

39. 君子因誉而情疏，因诤诤而友密。——（清）姚莹《刍言》

40. 君子之心，当为国家宣力分忧，保疆土而安黎庶，不在一身之荣辱也。——（清）姚莹《再与方植之书》

41. 君子立学传于后世者，道也，而不在文；功也，而不在德。——（清）姚莹《与张阮林论家学书》

42. 君子之辨义也宜严，而论人也宜恕。辨义不严，无以立万世之防；论人不恕，无以开自新之路。——（清）戴钧衡《书程子论管仲魏徵事后》

43. 君子论人也，必诛其心，其心无所为，而言之者公也；其心有所为，而言之者私也。——（清）戴钧衡《魏相论》

44. 君子有时而贫贱，小人有时而富贵；君子有时而危辱，小人有时而安乐；君子有时而夭，小人有时而寿。于是昧天理，戕本心，日夜逐逐而不知耻。嗟乎！是但顾目前耳，抑何不即古今君子小人之终而计之乎？——（清）方宗诚《俟命录》

45. 天下事有能为，有不能为；有做得尽，有做不得尽，皆分定也。君子惟全吾性分以内之事而已。——（清）方宗诚《俟命录》

46. 君子持盈保泰，忧盛危明；当安居时，不肯一日安居，早起宴寝，孜孜汲汲，以成德成才为务。必求德日进，业日修。

——（清）方宗诚《柏堂遗书·与吴生兆学》

47. 辨大事忌怀利，忌争名，尤忌负气争名。负气则不能集众思，广众益矣。怀利之病，小人有之；争名负气，君子不免，所以多偾事也。总之是一“己”字不能克，遂生出如许病痛。（魏世效曰：“国家之患，固患小人之自遂其非，而尤患君

子之自信。”） ——（清）方宗诚《俟命录》

48. “谦”有三等：君子见得，卑以自牧，乃为学之道，处世之宜，故谦。大人见得，民吾同胞，物为吾与，本不当慢一人、轻一物，故谦。圣人则无意于谦，只是见得道无穷尽，己心常觉不足，故其温恭谦让，自然流露于威仪言词之间，而不自知要之皆吉德。 ——（清）方宗诚《志学录》

49. 士君子处变世，自量真有拨乱反正之才，而其事又可以任我所为，则当出而任之。不然则固穷积学、守死善道以留斯文之一脉，为后世开太平可也。若不度德量力，不审时识势，而妄欲有为，因人俯仰，不特害世，必至失身废学而后已。知道者不如此也。 ——（清）方宗诚《俟命录》

50. 君子不当为身阜财，当为天地惜财。自己不可妄用，亦不可与人妄用。

——（清）方宗诚《志学录》

51. 盖治国家全在知人善任。任得其人，则小人亦可收其力；任失其人，则君子必致枉其才。 ——（清）方宗诚《俟命录》

52. 闻君子议论，如啜苦茗；森严之后，甘芳溢颊。闻小人言语，如嚼糖霜；爽美之后，寒冰凝胸。 ——（清）金缨《格言联璧》

53. 君子之事上也，必忠以敬，其接下也，必谦以和。小人之事上也，必谄以媚，其待下也，必傲以忽。 ——（清）金缨《格言联璧》

54. 心不妄念，身不妄动，口不妄言，君子所以存诚；内不欺己，外不欺人，上不欺天，君子所以慎独。 ——（清）金缨《格言联璧》

55. 我不识何等为君子，但看每事肯吃亏的便是。我不识何等为小人，但看每事好便宜的便是。 ——（清）金缨《格言联璧》

56. 君子之心不胜其小，而气量涵益一世。 ——（清）金缨《格言联璧》

57. 君子爱财，取之有道；小人放利，不顾天理。——（清）周希陶《增广贤文》

58. 贤者不炫己之长，君子不夺人所好。 ——（清）周希陶《增广贤文》

59. 芝兰生于深林，不以无人而不芳；君子修道立德，不谓穷困而改节。

——（清）周希陶《增广贤文》

60. 门内有君子，门外君子至；门内有小人，门外小人至。

——（清）周希陶《增广贤文》

61. 谗言败坏真君子，美色消磨狂少年。 ——（清）周希陶《增广贤文》

62. 下情难于上达，君子不耻下问。 ——（清）周希陶《增广贤文》

63. 君子受言以达聪明。 ——（清）魏源《默解·治篇十二》

民间

1. 忠于诺言是君子，不讲信用是小人。
2. 讲理者君子，行蛮者小人。
3. 德胜才为君子，才胜德为小人。
4. 居高善下真君子，将有视无大丈夫。
5. 小人记仇，君子长志。
6. 君子不掠人之美。
7. 君子不夺人所好。
8. 君子救人之急，不救人之穷。
9. 小人乐闻君子过，君子耻闻小人恶。
10. 君子成人之美。
11. 君子争礼，小人争利。
12. 君子不以暗昧失礼。
13. 君子无所适，所适惟礼仪。
14. 君子盼得天下富，小人发得一人财。
15. 君子笑懒不笑穷，小人顾口不顾身。
16. 君子记恩不记仇。
17. 恃强凌弱非君子。
18. 有过而能改，不失为君子。
19. 认差不失君子。
20. 君子之心公而恕，小人之心私而刻。
21. 小人狡猾心肠歹，君子公平托苍生。
22. 君子不怕明算账，小人贪恋不义财。
23. 贪便宜者非君子。
24. 棋中不语真君子，财上分明大丈夫。
25. 直爽坦白真君子，笑里藏刀是歹人。
26. 君子坦荡荡，有话当面讲。
27. 君子不欺暗室。
28. 君子略尝滋味，小人撑死不足。
29. 君子吃滋味，小人胀不足。

30. 皇上吹的玉石喇叭——君子所好（号）不同。
31. 君子一言，驷马难追。
32. 君子言先不言后。
33. 君子用嘴说，牛马用脚踢。
34. 明人不做暗事，君子不说假话。
35. 君子一言，快马一鞭。
36. 君子当面骂人，小人背地说话。
37. 君子说话，如笔泼墨。
38. 逢人只说三分话，君子旁边有小人。
39. 君子动口不动手。
40. 君子看自己行踪，孔雀看自己花翎。
41. 君子爱惜自己的羽毛。
42. 君子有容人之量，小人存嫉妒之心。
43. 量小非君子，德高乃丈夫。
44. 君子绝交无恶言。
45. 君子不念旧恶。
46. 君子不计前仇。
47. 君子度其智，小人度其仇。
48. 君子不同牛斗力。
49. 宁愿得罪君子，不能得罪小人。
50. 以小人之心，度君子之腹。
51. 君子问灾不问福。
52. 君子报仇，十年不晚；小人报仇，从早到晚。
53. 君子报仇，直待三年；小人报仇，只在眼前。
54. 君子爱财，取之有道。
55. 君子无德怨自修。
56. 义动君子，利动小人。
57. 君子论理不论数。
58. 有恩不报非君子，忘恩负义是小人。
59. 人多君子稀。
60. 君子淡淡如水，小人蜜里调油。
61. 君子之交淡如水，小人之交甜如蜜。
62. 君子如淡水，岁久情愈真。

63. 雪中送炭真君子，锦上添花是小人。
64. 赌场无君子。
65. 小人易亲，君子易退。
66. 近君子，远小人。
67. 宁肯与君子提鞋，不肯与小人同财。
68. 结交结君子，栽树栽松柏。
69. 先小人，后君子。
70. 君子安贫乐道。
71. 君子不与命争。
72. 知足称君子，贪婪是小人。
73. 君子之心可大可小，丈夫之志能屈能伸。
74. 君子无本行不得。
75. 君子负财不负本。
76. 小人逐末，君子务本。
77. 大人不记小人过，君子休听小人言。
78. 有事但逢君子说，是非休听小人言。
79. 谗言败坏君子，冷箭射死忠臣。
80. 锁得君子，锁不了小人。
81. 防得了君子，防不了小人。
82. 只防君子，不防小人。
83. 君子斗智不斗力。
84. 小人智短易盈，君子见深难溢。
85. 见义勇为真君子，莫以成败论英雄。
86. 事急无君子。
87. 君子二十不算多，小人一个不算少。
88. 君子道其常。
89. 行行出君子，行行出小人。
90. 行行出君子，处处有能人。

参考文献

[1] 陈飞虎. 君子文化与高等商科教育[M]. 北京：经济科学出版社，2019.
[2] 何善蒙. 中华君子文化（第三辑）[M]. 北京：九州出版社，2020.
[3] 黎靖德. 朱子语类[M]. 王星贤，点校. 北京：中华书局，2020.
[4] 卢勇. 君子文化融入高校社会主义核心价值观培育的路径[M]. 成都：电子科技大学出版社，2018.
[5] 曼迪. 君子 · 尊德性：一本书通晓儒家君子文化[M]. 北京：研究出版社，2013.
[6] 王守仁. 王阳明全集[M]. 吴光，钱明，董平，等编校. 上海：上海古籍出版社，2011.
[7] 王云路. 君子文化[M]. 杭州：浙江文艺出版社，2020.
[8] 魏伯河. 君子文化教育[M]. 济南：济南出版社，2023.
[9] 杨朝明，宋立林. 孔子文化十五讲[M]. 济南：山东人民出版社，2011.
[10] 余耀. 中国的文化 · 君子之学[M]. 济南：山东画报出版社，2022.
[11] 詹树荣. 潮州君子文化研究论丛[M]. 广州：羊城晚报出版社，2018.
[12] 张冠生. 费孝通晚年谈话录（1981—2000）[M]. 北京：生活 • 读书 • 新知三联书店，2018.
[13] 张笃忠. 君子文化在校园[M]. 天津：天津科学技术出版社，2016.